职场那些事儿

那些事儿

● 冯晓雪 编著

北方妇女儿童出版社
·长春·

图书在版编目（CIP）数据

职场那些事儿 / 冯晓雪编著. -- 长春：北方妇女

儿童出版社, 2024. 5. -- ISBN 978-7-5585-8607-1

Ⅰ. B848.4-49

中国国家版本馆CIP数据核字第2024Y7K604号

职场那些事儿
ZHICHANG NAXIE SHIR

出 版 人	师晓晖	
特约编辑	刘慧滢	
责任编辑	李绍伟	
装帧设计	韩海静	
开　　本	710mm × 1000mm　1/16	
印　　张	14	
字　　数	131千字	
版　　次	2024年5月第1版	
印　　次	2024年5月第1次印刷	
印　　刷	三河市燕春印务有限公司	
出　　版	北方妇女儿童出版社	
发　　行	北方妇女儿童出版社	
地　　址	长春市福祉大路5788号	
电　　话	总编办：0431-81629600	

定　　价　59.00元

前　言

职场上，只有不断地磨炼，才能让自己一步步地走向事业的高峰。

有很多初入职场的人会觉得这是一条非常迷茫且充满未知的道路。在这条路上，我们要面临多少困难？迎接多少挑战？我们该怎样到达成功的彼岸呢？

我要怎样搭建自己的人脉关系，而使自己不是孤军奋战？

我要怎样在办公室里搞好关系，而不被别人针对？

我要得到领导的重视，该怎样好好表现？

我不想被领导针对，要怎样扭转劣势？

我想升职加薪，但我不知道怎么做……

我想在谈判桌前占据主动，该怎样让别人认可我？

我想成为团队的核心骨干，该怎样带领下属迎风破浪？

相信有无数个职场人心里都曾有过这样那样的疑问，别担心，本书给你答案。

职场，就是一个小社会，有它自己的一套处事原则，如果你懂得该怎样利用这些原则，就能在职场里如鱼得水。你的能力，就是为你保驾护航的基础，如果在这个基础上，你还能够合理利用职场里的规则，就会达到事半功倍的效果。

本书一共分为八章：分别从人际关系、对待领导、对待同事、对待客户、对待谈判客户、对待报酬、对待升职、对待下属八个方面告诉你该如何玩转职场。对待不同的人用不同的策略，将极大地提高你的工作效率。我们在职场里历练，目的是让自己的工作更上一层楼。

好了，准备好开启你的职场历练了吗？

目　录

第二章　领导，是领路人，也是考核人

第五章　做公关，核心是谋略

第八章　带团队，就是带人心

第一章 **职场修炼，人脉就是秘籍**

第一节　良性的人际关系才能叫人脉

① 打造良好的人际关系，是每一位职场人的必修课

在职场里修行的第一步就是"打造人际关系"。人际关系好不好，能够决定你的工作开展得顺利与否；能够决定你的进步是快是慢；能够决定你是否升职加薪；能够决定你是否能开疆拓土。

毫不夸张地说，拥有良好的人际关系，是在职场轨道上畅通无阻的"通行证"。我们可以这么想，职场就是做事，想要做成功一件事，不仅要靠自己的能力，还需要和他人共同协作，每个人都是一道隐藏关卡，人际关系好，通关的概率自然会变高，人际关系不好，关卡就会成为我们通往成功的障碍。

很多人会觉得，人际关系是靠金钱维持的，没有了金钱维系，谁能和你关系好呢？其实这是一个大谬。良好的人际关系凭借的先是态度，再是感受，最后才是利益。你的身边可能有着这样的人，他并没

有请同事吃吃喝喝，在公司里也不是什么主管领导，但他的人缘却极好，因为所有人都觉得和他相处很舒服。其实，这就是掌握了人际关系的精髓——真诚度和分寸感。

怎么做到呢？用四个字就能概括——换位思考。把你和对方的处境互换一下，评判自己的做法是否令转换角色后的你感到不舒服。如果答案是否，恭喜你，你的做法大致上没有问题；如果答案是非常不舒服，那说明这种做法有问题。

【案例】

张伟在某家公司任职基层员工，平日里没有太多的应酬，他自有一套成熟的处世哲学——见人三分笑，做事留一线。再加上他本身就是乐观开朗的性格，走到哪里都是笑呵呵的，其他同事见到他就忍不住打趣："张哥，今天又遇到什么好事儿了？"张伟总是笑着说出一些在别人眼中看来再平常不过的事情，比如，早上是踩着点进来打卡，不早不晚刚刚好。又比如，以为今天没时间去买早餐，结果发现办公楼下居然新开了一家煎饼铺子……

在他口中，那些琐碎的小事都变成了能够让人开心的事。如果是遇到烦心事，他也能做到不往心里去。有人占了他的便宜，他就说，"亏就亏点儿吧，反正靠这点儿东西也发不了大财"；有人喜欢传闲话，他就说，"说去吧，嘴长在人家身上"；有人向领导打他的小报告，他知道之后就笑着说，"我该干什么干什么，他爱说什么说什么"。

除了乐观，张伟还是个热心肠，新员工遇到什么不懂的，只要去问他，张伟都会很细致地讲解清楚，即便耽误了自己的工作，他也不会多说什么。新员工常常因为耽误他的工作而感到很抱歉，张伟却还劝对方，"大家都是这么过来的，不用太计较"。

就是因为这种豁达的处事态度，很多同事都特别喜欢和他一起共事。最开始的时候，领导听过有些人在背后给张伟打小报告，于是，他在私下询问其他员工对张伟的看法。多数同事对张伟称赞有加，觉得这个人直爽、真诚，不可能做那些上不了台面的事情。毕竟在背后议论人、打小报告的人是少数，更多的人愿意替张伟说好话，领导心里自然也就有了判断。

虽然张伟在公司里能力不是最突出的，但他是人缘最好的，和谁都能聊得上话，即便不在同一个部门，大家都有所耳闻，××部门的张伟人不错，能共事，拎得清。有时候需要部门协同的时候，张伟就成了他们部门的不二人选，用部门领导的话说，"能说说笑笑谈下来的合作，为什么一定要面红耳赤地去争呢？"

"张伟"是众多靠着良好的人际关系打开职场局面的缩影之一，相信大多数公司中有类似的"王伟""李伟"，他们未必有多么突出的能力，或者是花了多少金钱在维护关系上，而是在工作交往的过程中，不过分计较得失，不装腔作势，更不会随便抱怨，总是可以稳定地给其他同事提供轻松愉悦的情绪价值。

【职场哲学】

建立良好人际关系的前提就是人和人相处是否觉得轻松愉悦，之后才考虑是否能够达到共同获利的目的。利益并不是天天都有，但相处（尤其是职场相处）是一周五天，说是每时每刻都不为过。很多人弄反了人际关系的基础，认为人际交往的本质是利益交换，如果天天面对一个让你厌恶的人，想必很多人都不愿意。更直白地说，公司内部所能换来的利益是建立在相互协作的基础上，一个让你厌恶的人，怎么可能达成顺畅的协作呢？

想要打造良好的人际关系，除了利益关系，还要注意待人的态度和相处时的感受。不管是面对同事，还是面对领导和客户，真诚的心能够打开局面，不卑不亢的人格能够赢得他们的尊重，愉快的相处能让他们认可你，最后再落到是否能达成共赢的结局。

不可否认，在这个过程中，你可能会吃亏，甚至需要花费时间去筛选职场里的"不良人"，但参透"吃亏是福"这四个字，你就会明白，人际关系不能斤斤计较，把握住大原则就够了。做到有的放矢，该坚持的坚持，不涉及原则的就一笑而过，让其他人都觉得和你共事很舒服，自然就能获得良好的人际关系。

② 正确看待"竞争关系"和"协同作用"

在同一家公司，除了领导之外，其他人都被称为"同事"，但同事里也有不同的角色：和自己职位相同、会争夺资源和项目的叫"竞争对手"，能够协同作战、相互配合的叫"协作伙伴"，二者之间的关系并不是固定不变的，可能会因为项目的变化而存在转换。

在这种情况下，如何和"竞争对手""协作伙伴"这两种同事建立起良好的关系，是影响你在这家公司工作是否顺畅的关键因素之一。

可能有人会觉得，与"协作伙伴"建立良好关系还能理解，和"竞争对手"怎么建立良好关系呢？竞争，并不意味着是场你死我活的较量，因为存在良性竞争和恶性竞争。良性竞争能够促进双方共同进步，也能通过竞争，向对方取经，以弥补自己的不足，更有胸怀宽大之人愿意携手竞争对手，一起共渡难关，甚至一起走向成功。

【案例】

在历史上，有一个非常著名的典故叫"负荆请罪"：

战国末期，赵国有两位重臣，一位是大将军廉颇，另一位是上大夫蔺相如。廉颇是赵国的"守门人"，曾在齐国攻打赵国的时候，力挽狂澜，骁勇善战；蔺相如只是一名寂寂无名的门客。秦国听闻赵国有一个绝世珍宝——和氏璧，秦王想用城池换取和氏璧，但以秦国之强大，和氏璧到了秦国之后，肯定是有去无回。蔺相如临危受命，带着和氏璧出使秦国，并通过智慧把和氏璧完好无损地带回了赵国，所谓"完璧归赵"。

廉颇的军功更早，也更受赵王的信任。没想到，蔺相如后来者居上，成为赵王的心腹，这让廉颇心里很不服气，认为蔺相如不过是一个文人，想要保护赵国还得靠军功。于是，在朝堂之上，廉颇咄咄逼人，蔺相如后退连连。

蔺相如的下属们都认为廉颇将军太过分了，恃宠成娇，而蔺相如太过软弱，难堪大任。蔺相如听说这些流言蜚语之后，便问下属们："是秦国君主厉害，还是廉颇厉害？"下属们异口同声地说："那肯定是秦国君主厉害！"蔺相如便说："我在秦国君主面前都能够据理力争，没有流露出丝毫惧怕，又怎么会怕廉颇将军呢？秦国君主能够忌惮赵国，就是因为有我和廉颇将军两个人，我现在避开廉颇的怒火，就是为了不让秦国有机可乘。"

这段话很快就传到了廉颇那里，廉颇听后十分惭愧，脱去上衣，赤着膀子，负上荆棘，单膝跪在蔺相如面前，请求对方原谅自己的无理。蔺相如自然不会和廉颇计较，两个人冰释前嫌，继续为赵国效力。

廉颇之所以对蔺相如非常排斥，是因为在他的心里，蔺相如是自己的竞争对手，因为蔺相如的出现，导致他在赵国君主心里的地位有所下降；蔺相如之所以忍受廉颇，是因为在他的心里，廉颇是自己的协同伙伴，想要赵国安然无恙，需要对方镇守。

【职场哲学】

正确看待职场关系是每个职场人的必修课，在同一家公司、同一个部门，不少人陷入不自觉的焦虑中，总认为必须和同岗位的其他员工不断竞争才能站稳脚跟。实则，这是一个很狭隘的认知，甚至会因此被领导看轻，从而丧失很多机会。

公司内部虽然分为不同部门，不同部门也会被分为各个小组，但在外面，所有人都要服从公司的利益，如果不能正确看待竞争和合作，不能及时调整自己的状态，就很容易陷入盲目的竞争。在领导看来，你就成了不识大体、破坏公司形象和内部团结的"罪魁祸首"，又怎么可能愿意给你机会呢？

一味关注竞争，只会让其他人觉得你太张扬、太爱表现，最终成为"孤军奋战的莽夫"；反之，一味关注协作，势必会失去锋芒，让其他人误以为你是没有实力的配角。要知道，公司领导看重的是公司的整体利益，只要能做好，他并不在意公司内部的员工是通过竞争，还是协同合作。

③ 不要随便给自己"树敌"

职场如同战场，想要获得晋升，就必须把自己武装成一名战士。然而，你究竟是把同事当战友，还是把他们当成敌人，这是一门高深的学问。对于同事的态度，并不完全取决于你自己，而是要看对方对你的认知。

职场人可能会发出这样的疑问——我明明对他那么好，为什么他要背刺我？为什么他要在领导面前针对我？同样，也有一些我们认为是竞争对手的同事，却在项目遇到困难时，能够设身处地地提出解决问题的方法，让我们深受感动。

为什么会出现这样的事情呢？真正的原因很简单，即我们在无意中给自己树敌了，且这些所谓的敌人，本应该成为能够相互提携的战友。

【案例】

笑笑是一个心直口快、大大咧咧的姑娘，进入公司没多久，她就迅速和同事们打成一片。她自认为，自己和同事的关系都非常融洽。

有一次，她负责的项目出了问题，领导问责的时候，笑笑便向那些她认为关系好的同事求教，但出乎意料的是，这些同事都拒绝帮助她。最后，反而是一位和她关系没那么好的前辈帮她解决了问题。

笑笑想，既然前辈帮了自己，就买杯咖啡去感谢一下前辈吧。还没走进办公室，她就听到几位同事在讨论这件事。

笑笑自认为和自己关系最好的小 A 说："前辈不计前嫌帮了笑笑，还是前辈大度。换了我，我可做不到。"

小B说："笑笑太年轻了，平时说话冲，还总说自己有口无心，心直口快，让咱们都别计较。上次我好心给她拿点儿零食，你猜她怎么回答的？她说，她妈妈不让她吃这些垃圾食品，没营养……我是看她刚从大学毕业没多久，犯不上跟她较真。前辈能惯着她吗？前辈这次愿意出面解决问题，是怕拖咱们部门的后腿，不是为了帮笑笑。"

小C说："前辈有资历、有经验，又深得领导信任，笑笑每次和前辈说话的态度，说好听点儿是初生牛犊不怕虎，说难听点儿就是不知道天高地厚……不过，年轻人都这样。"

小A说："咱们也是从年轻的时候过来的，也没比她大几岁，怎么咱们刚进公司的时候就知道谦虚谨慎啊……说到底，还是没吃过亏，咱们的领导对新员工也算不错了。"

笑笑听完后，这才知道，原来在同事眼中，自己是个口无遮拦、不懂谦虚的鲁莽人，她实在听不下去了，就拿着咖啡去找前辈。前辈看到笑笑情绪很低落，便询问她怎么了。笑笑脱口而出："前辈，我是不是一个很差劲的员工？我一直觉得我和其他几位同事关系很好，可是……"前辈说："你是一个能基本胜任工作的员工，但你在公司的言谈举止不够成熟，会在无意中得罪人而不自知，你要记住一句话，所有成年人都要为自己的行为负责，没有人有义务等你成熟。"

在职场中，每个人都有自己的行为准则，这无可厚非，但不管是哪种风格的职场人，都切忌过分张扬、行事莽撞、不懂谦虚为何物。换位思考一下，你也不喜欢和这样的人共事，不是吗？

【职场哲学】

很多年轻人初入职场时，担心自己会被同事欺负，什么杂事都成了自己的活儿；还有人怕失去表现的机会，无法给领导留下深刻的印象；也有人会担心自己成了被其他同事讨厌的马屁精，和领导沟通时要么不注重沟通技巧，要么不注重言辞……

这些行为，其实都很好地回答了最开始的那个问题：我对他这么好，他为什么要背刺我？为什么他总是在领导面前针对我？领导为什么也不护着我？

归根结底，就是在日常工作中无意识地给自己树敌了。不是玩笑的玩笑、模棱两可的话语、令人不悦的举动，都会给别人留下不好的印象，他们或许根本就不会提醒你这么做不对，也不会给你一而再再而三的机会，而是会直接把你放在团队的对立面，尤其是在关键时刻，让你觉得孤立无援。

这不是良性的职场关系，更不是优质的人际关系。避免无意间树敌的根本就在于，你是否能拿捏好"度"，有棱角但不伤人，有原则但对事不对人，有朝气但不肆意妄为。

④ 不戴有色眼镜看人，不给别人贴标签

每个人在社会中都不可避免地被赋予各种标签，比如出生年龄、教育背景、地域和经济条件等方面都可能受到刻板印象和偏见的影响。

在职场上，被人诟病最多的标签如：××是谁举荐上来的，××是哪个大领导派来的空降兵，又或者是××是从哪家大公司里高薪挖来的……我们应该秉持什么原则看待被贴标签的人呢？

实际上，在职场上，无论对任何人，都应该秉持一个原则——不要听别人说了什么，而是看他做了什么。

【案例】

小凡在某家公司任职，一直兢兢业业，努力工作。就在今年，公司大领导宣布，高薪引进了一位人才A老师，全权负责小凡所在的部门进行改革创新。小凡并没有听说过这位老师的大名，也没听说过她究竟在哪里高就过。其他同事偷偷告诉她，A老师根本就不是什么人才，其实就是大领导为了监督这个公司安插进来的"眼线"，还叮嘱小凡工作的时候小心点儿，千万别被A老师抓住把柄当"出头鸟"。

对于这些不知真假的传闻，小凡一笑了之。她在这家公司工作好几年了，经手的工作不说做到多完美，但至少都能保证不出错，所以很有自信。

新官上任三把火，A老师刚来没多久，就宣布了部门改革的大方向和具体规定。小凡认为，这些都是虚招儿，不过是为了向大领导展示自己有魄力、有决心，过不了多久，就会恢复原样。所以，她仍然按照过去的工作习惯，并没有根据A老师的新规定有所调整。

三个月过去之后，A老师带着整个部门做了一份翔实的工作报告，通过各项数据展现了整个部门的工作成果。小凡突然发现，这个季度里，表现最突出、进步最快的竟然是部门里最年轻的新员工。她百思不得其解，会议之后，专门找到A老师，真心询问为什么会出现这种情况。

A老师很真诚地解释了这种变化发生的原因，她深耕这一行已经很长时间了，前几年因为生育回归家庭，此次出山，一方面是因为孩子上学了，另一方面是大领导得知她有心出山特意登门拜访。行业更新换代的速度非常快，几年的时间，很多员工都不知道她是谁，还以为她是大领导的"眼线"。越是老员工，就越难以服从，可是新员工不会戴着有色眼镜，也不会对新规定有抵触情绪，所以接受度比老员工高很多，完成度自然就好。这个季度里，A老师并没有直接点出老员工对待新规定、新方向的抵触与懈怠情绪，而是把结果展现在众人面前。

听完A老师的话，小凡觉得非常愧疚。尽管她并没有跟同事说什么闲话，但态度骗不了人，结果也骗不了人。她很真诚地向A老师道歉，开始学习、消化整个部门的创新策略和规定，从心里认可了A老师的能力和眼光，并跟随A老师拓展了自己的人脉、提升了自己的工作能力。

【职场哲学】

在职场上，戴着有色眼镜也好，贴标签也罢，大部分源于质疑这个人是否具有与职位相匹配的能力。这种贴标签行为本身就透露着对他人的不尊重，轻视他人的工作能力、轻视他人的职业素养，甚至是轻视对方人品。

如果戴着有色眼镜面对自己的直属领导或同事，只会发生两种情况：第一种就是像案例中那样，对方是个有能力、有魄力的人，所谓的有色眼镜最终会因为对方能力的展示而被摘下，自己成为那个以小人之心度君子之腹的人；第二种与之相反，对方的确是带着某种授意的"眼线"，如果你戴着有色眼镜，相对应的行为是对他敬而远之，久而久之就会因此被边缘化、被排挤，甚至是被针对。

这两种结果对自己都没有任何好处，倒不如从一开始就理性看待。对方有能力，你成为站在成功人士肩膀上的努力员工；对方有任务，你成为愿意团结核心力量的积极员工。当然，不戴有色眼镜、不贴标签，不等于要和绝大多数同事唱反调，而是需要一种更有技巧的处理方法。

⑤ 好的人际关系，都是建立在共赢的基础上

职场上的人际关系并非是无用的，更不是坚不可摧的。不成熟的职场人总是把情分作为人际交往的基础，但实际上，真正成熟、稳定、有用的人际关系的基础是共赢。

这里所谓的共赢不仅限于具体的奖金、薪水，或者是看得到的升职承诺，更包括相互介绍人脉关系、资源互换、项目推进的助力等。

【案例】

三国时期，刘备依附于荆州刘表，想要恢复大汉荣光。孙权是东吴政权的统帅，偏安南方，有着自己相对稳定的地盘。但汉丞相曹操挟天子以令诸侯，野心勃勃，想要荡平所有地方割据势力。恰在此时，刘表病故，荆州牧之位交到其子刘琮手中。刘琮难堪大用，一心只想投降曹操保命。

在这种情况下，刚刚三顾茅庐请出诸葛亮的刘备，只好离开已经稳定的驻扎地，好不狼狈。听闻刘琮投降的消息，孙权就派出鲁肃和刘备洽谈。刘备原本不想和孙权合作，而是想去投靠吴巨。但鲁肃告诉他，东吴实力远比一个小小的苍梧太守强得多，还不如与东吴合作。刘备想了想，便同意了。

为了在东吴站住脚跟，而不是仰人鼻息，刘备派出诸葛亮，在孙权面前舌战群儒，取得了东吴的尊重。双方正式达成同盟约定，共同

抵抗曹操的大军。

很快，曹操便率领二十万（号称百万）大军抵达赤壁（今湖北省赤壁市），与东吴隔长江对立。东吴派出将军周瑜，但周瑜只有精兵三万，只能智取，不能硬抗。最终，周瑜采纳部将黄盖的火攻之计，而刘备则率领自己的将领跟在周瑜后面，虽不归周瑜统领，双方却能达成共识，一同对抗。最终，曹军大败。

这便是历史上著名的"赤壁之战"，是非常经典的以少胜多、以弱胜强的战役之一。通过这场战役，初步奠定了三国鼎立的基础。

在这个时机，无论是东吴政权，还是刘备率领的将领，很难单独抵抗曹操大军的攻势，且需要分散精力去警惕另外一方势力的介入。但孙权和刘备都不是等闲之辈，他们准确判断了形势，并做出正确的决定。

在历史上，有很多通过合作达成共赢的案例，有的是发生在军事上，有的则是发生在朝廷上，但无一例外都说明了"合则两胜，分则两败"的道理。合作的根本目的是共赢，双方分享合作的成果。一些案例中，双方取得胜利后，一方不愿意分享胜利果实，最终引发新的斗争，根本原因就在于违背了共赢的原则，让原本很好的合作关系土崩瓦解。

【职场哲学】

可能有人会问，合作共赢，说起来容易，做起来却很难，该怎样确保共赢呢？首先，共赢只是广义的，如果建立人际关系都要盯着是否能获利，那未免太功利了，共赢是指在某个层面对自己、对他人有帮助，而不是确定的利益；其次，从建立关系到达成共赢需要一个过程，不是见过两次面就算是人脉关系了，而是通过交往、沟通、了解之后，建立友好、稳定的关系，再谈合作意向，实现共赢；即使达成了一小步合作共赢之后也并非一劳永逸，需要不断地维护它，让共赢所获得的利益能够延长时效，以确保正向的人际关系。

总体来说，在建立人脉关系之初，不能抱着"我能得到什么"这种思想，而是要想"我们都能得到什么"，即"我得到了什么""我能给对方什么"。如果只想自己的收获，忽略对方的利益，那这种关系不会长久，也不会成为正向的人际关系。

⑥ 人际关系并不仅存在于公司内部

很多年轻的职场人都会不由自主地表现出：不管是工作表现方面，还是维护人际关系方面，只局限在所属公司内部，从而忽视向外拓展的空间和渠道。在人脉圈子里，越是外部力量，越能做到出其不意，但内部关系，因为太过知根知底，往往只能作为基础。

关于这一点，有些年轻的职场人还不能领会其中的利害关系，但成熟的职场人早已心知肚明。同一家公司的同事之间，相处的时间越长，越能了解对方的人脉圈子的大概情况，认识谁、曾经在哪些公司任职、同窗里有无业内比较资深且出名的老师，等等。但这些人际关系，你很难真正通过同事直接获得，最多是在某个项目的过程中，通过同事的人脉获得某些帮助，但他们不会直接成为你的人际关系。

外部力量则不会受到公司内部情况的影响，双方在建立人际关系之初，没有内部竞争，所以会进展得更顺利、更稳妥。

【案例】

在某网络平台上曾经有过这样一个帖子：如何快速通过单位的面试？有一个资深 HR 分享了他的工作心得：越是大公司，越是信任内部人推送的简历，如果在学历、经验等情况都没有太大差别的时候，领导往往会更倾向于内部人士推荐的这个面试者。原因很简单，内部人士的推荐相当于一种背书。

任何一家大公司都会有三种或者三种以上的途径招聘：第一种是校园招聘，这是体现大公司社会责任的舞台；第二种是比较常规的社会招聘；第三种就是内部推荐，几乎没有一家公司会舍弃第三种这种"低投入、高回报"的招聘方式。

如何获得内部人士的推荐呢？答案就是"人脉关系"。这位资深的 HR 就特别强调：早期的内部推荐，只局限在推荐同学、曾经的同事。随着网络越来越畅通，很多同行虽然没有共事过，但长期通过微信、QQ 等方式进行沟通，对彼此的能力和人品都有了基本的了解，所以现在有些内部推荐这种情况也有很多。

他曾经就接到过公司项目负责人推荐过来的应聘者简历。这位应聘者的学历和毕业院校都不算太出色，甚至要逊色于其他应聘者。项目负责人坚持说，这位应聘者非常适合这个岗位，而且是个特别有能力的人。HR 比较犹豫，就请大领导参加了整场面试，最终结果毫无悬念，大领导直接拍板，定下了这位应聘者。

HR 去问项目负责人，为什么要全力推荐这位应聘者。项目负责人说，虽然她和应聘者只是通过某一场业内会议互加了微信，偶尔在线上聊聊天，但她知道这位应聘者非常有想法，也特别好学，业内有什么新动态，他都格外关注，思考能否运用到自己的工作当中，有学习能力，保持学习积极性的年轻人才是公司最需要的人才。

【职场哲学】

公司内部的人脉关系，只能保证你在这家公司工作得相对顺畅，但有意识地建立外部的人脉关系，才能拓展自己的发展空间。比如，想要跳槽时需要同行帮忙推荐，项目遇到"瓶颈"时需要同行帮忙引荐人才，项目合作成功后需要合作伙伴帮忙宣传口碑，等等。

所以，在工作过程中，需要有意识地与同行、客户等人建立人际关系。可以多参加一些行内会议，这样可以通过会议上各位的表现寻找有能力、有前途、比较投缘的人脉关系；可以和同窗保持联系，或许同窗情谊在毕业之后会越来越淡，但如果都进入同一行业，便能相互分享行业信息和人脉关系；可以和前同事保持联系，联系的重点不是说公司内部的八卦，而是为了获得更多的机会……

向外拓展自己的人际关系还有很多方法，关键不在于用什么方式，而在于是否拥有拓展人脉圈子的意识。年轻的职场人应该尽早建立起拓展人脉关系的意识。

第二节　公司求利润，员工求高薪，
客户求共赢

① 所有问题都要抓住核心要点

在试图建立人际关系的时候，很多人不知道该从哪里开始，或者不清楚该如何快速有效地和同事达成默契，总会出现"不知所云"的状况。其实，想要解决这个问题并不难，只要抓住核心要点，就能迅速打开局面。

人脉关系的核心要点是你能不能听懂对方的诉求、能不能抓住问题的要点，能否满足对方的诉求。概括起来就是：听明白、抓重点、给出答案。

【案例】

小李是公司的项目负责人，他短短几年就在行业内闯出了名堂并且树立了良好的口碑，成为公司的金牌项目经理。

有一次，小李负责的项目，客户方临时更换了负责人。新负责人咄咄逼人，甚至想要否认前负责人已经敲定的方案，这个变动让小李的项目组人员特别担心，害怕只能加班加点才能满足甲方的要求。然而，小李和新负责人见过几次面之后，对方就松口让小李继续按照原本的方案进行。

项目组人员都松了口气，纷纷询问小李是怎么做到的。小李解释道，他打听过了，新负责人是对方公司高薪挖来的，刚来公司希望能够立威，他就告诉新负责人这个方案已经开始运作了，如果全面推翻肯定要先结掉原方案的损失，任何一个领导都不希望还没开始赚钱，就先平白损失。然后他又推心置腹，告诉新负责人，你刚来这个公司还不了解情况，但自己和这家公司合作很多次了，别看领导现在特别信任他，但实际上，前负责人是陪着领导一起打拼到现在的元老，而且好几次看到领导单独带着前负责人参加各种业内会议……

下属们对于小李这招儿"又打又拉"十分佩服。后来，这个项目进展得十分顺利，就连客户方的新负责人对小李也是称赞有加，还私下对小李表示感激，感谢他提醒自己注意收敛锋芒，之后有什么项目，都优先考虑和小李合作。

其实，小李能够快速说服客户方的新负责人，并没有太高明的话术，而是直击要害，抓住了问题的关键。新负责人刚刚上任，自然想要做出一番成绩，而不是想要搞砸一切，采用咄咄逼人的方式也只是想表现出自己的能力和气势。但因为他是公司新人，肯定对公司内部的情况不了解，同事也不会贸然向他透露。小李作为长期合作的对象，多少听过一些、见到过一些，稍稍提醒对方，自然会让新负责人产生忌惮，不好在项目上再刁难。再加上小李所言非虚，待新负责人证实之后，自然会心生感激，才有之后合作的可能。

【职场哲学】

职场人在人际关系中的核心要点并不是能不能和别人称兄道弟，能不能结交到所谓的人脉，或是换来人情，而是要落到实处：能不能为自己、为他人快速解决问题。

这就好比，领导不会真正在意员工在本公司工作的年限，只在乎他是否给公司带来利润；同事不会在意你平时的人品是否高尚，只要不是太过分，大家都会表面维持和平，真正在乎的是你能不能协助他完成工作内容；客户不会在意你能不能特别恭敬，只在乎项目进展是否顺利，能不能通过合作项目获得利益，无论是公司的利益，还是个人的利益。

理解了这一点，就能真正明确职场中人际关系的重要核心在于各取所需。有很多交情是在这些都完成的基础上，凭借个人喜好另外延伸出去的，但如果没有这个基础，那些交情浅薄得经不起任何考验。

② 向同事请教需要有智慧

在公司里，只要有新人入职，大部分会安排一个老员工帮助熟悉环境，一方面是为了让新员工更快地融入公司集体和上手工作，另一方面是为了让新员工有问题知道找谁询问。

尽管带新人是公司安排给老员工的工作，但新人应该明白，要有一定的自觉性，尽量不要给别人添麻烦。不管是请教问题，还是询问公司流程制度，新人都应该注意自己的态度、时机和询问方式，一旦处理不好，不仅会让老员工觉得新人"不懂事"，还会让其他同事不自觉地疏远你，甚至无法正常开展工作。

【案例】

小王是通过校园招聘进入公司的，由于毕业院校出色，领导很是看重他，就派公司内的骨干老李带他。老李是有名的"刀子嘴豆腐心"，对待下属比较严格，一些抗压能力差的小年轻都"怕"老李。公司里的很多同事都担心，这个名校毕业的小年轻能不能承受得住来自老李的"挑剔"。

然而，让众人大跌眼镜的是，小王应对自如。每天早上，小王刚到公司时都会给自己冲一杯咖啡，顺嘴会问一句："李老师，您要接水吗？我帮您吧，正好有些事情想要问问您呢。"趁着这时候，小王就会把今天要做的工作和有可能会遇到的问题都问清楚。整个上午，小王不会无故去打扰老李的工作，都是在自己的工位上忙碌着。到了中午，小王会拿着笔记本询问老李："李老师，我能否耽误您五分钟的午休时间，上午我工作的时候还是有点儿不太明白……"下午又是照旧工作，直到下班之前，小王才会再找到老李，如果没问题就友善地说声"李老师，我先走了，明天见"，如果有问题就再详细地问一下，临走前还要不好意思地说上一句"耽误您下班了"。

其实，小王在向老李询问的时候只是把握住了三个原则：嘴甜、有眼色，且不理所应当。即便是在老员工带领新员工这种模式下，对方也没有义务时刻帮你解决问题，小王每天早上顺手帮对方接杯水，借此机会询问问题是非常聪明的举动；有很多人称呼同事时，都是随着其他人的叫法，但小王很聪明地称呼老李为"老师"，给足了对方尊重，让对方知道自己是个谦虚的晚辈，自然更愿意教他一些职场小妙招；不过分占用对方时间、不打扰对方工作，向旁人展示出自己作为职场人的基本素养，虽然经验上有所欠缺，但态度上非常诚肯。

小王的这种工作态度让老李特别满意，觉得他态度积极，做事努力，还特别懂事。在转正之际，老李给小王的评价非常高。

【职场哲学】

在职场里，每个人都是独立的个体，即便是在相互协作的过程中，也需要保持一定的分寸感，尽量做到不麻烦别人。然而，很多职场新人并没有这种分寸感，很容易给人"理所应当"的错觉，新人就应该什么都不知道，就应该什么都需要别人教，就应该有各种不会，就应该出现各种问题……殊不知，正是这种"理所应当"，特别容易影响办公室关系。

不可否认的是，新人的确会出现因为不熟悉而不明白的情况，如流程、制度、工作对接人等，即便是工作多年的老员工，遇到新的项目也有可能会有不懂的问题，需要得到同事的帮助。但怎么去求教是一门艺术活儿，做得好，同事们都愿意帮忙解答，做不好，同事们刚开始因为面子帮过了，但再过几次就变得爱答不理。

案例中的小王深谙请教的智慧，即便是公司里要求比较严格的老李，面对这样积极、有分寸的后辈，也会愿意给出力所能及的帮助。

③ 人人都会锦上添花，但雪中送炭更显珍贵

职场里少不了相互帮助，有的是借助你的能力才能体现出他的价值，这种帮助是"锦上添花"，但有的是在最关键时刻采取最有效的

方法，这种帮助是"雪中送炭"。

无论对于谁，锦上添花只是成功道路上的点缀，而雪中送炭则显得无比珍贵。很多成功人士都接受过别人的雪中送炭，遇到人生中的伯乐，成功之后，他们也愿意充当别人的伯乐，在关键时刻给予他人帮助。

可以说，被动接受别人的雪中送炭看的是自身能力和机遇，但如果能在关键时刻给他人雪中送炭，收获的不仅仅是别人的感激，更是今后的优质人脉关系。

【案例】

清朝著名的"红顶商人"胡雪岩曾经通过自己的能力打造了一个属于他的商业帝国。最初，他只是一个十分平凡的穷小子，但一次偶然的机会，他结识了一个富商。富商看胡雪岩为人机灵，就写了一封介绍信，让胡雪岩去杭州的"信合钱庄"当学徒。胡雪岩就这样来到"信合钱庄"，当学徒的日子很辛苦，但他努力学习各种知识，任劳任怨，很受钱庄老板的器重。几年之后，他凭借自己的能力和钱庄老板的信任，当上了"信合钱庄"的掌柜。

后来，胡雪岩认识了很多来钱庄的生意人，有家财万贯的大财主，也有做小本营生的穷苦人。有些钱庄掌柜非常势利，对待生意人笑脸相迎，碰到穷苦人就强势抬高贷款价格，但胡雪岩不会这样，无论是谁，无论贫富，只要来钱庄就是顾客。

其中，有一个人叫王有龄。他家原本有些家底，父亲是一名知县，自己虽然读书不成，但日常协助父亲处理公文，对当官很有心得。无奈始终科举不中，父亲只好花钱给他捐了一个小官职——"盐运使"，这只是个无足轻重的小吏，既没有权力，也没有办法做什么实事。但父亲的过世给了他更沉重的打击，家道中落，王有龄只好靠变卖家产维持生活。

一次偶然的机会，王有龄结识了钱庄掌柜胡雪岩。尽管王有龄衣着朴素，但谈吐文雅、进退有度，即便是深处谷底，也不卑不亢，很有抱负。他告诉胡雪岩，自己并不甘心只做个小吏，想要做一名地方官，为一方百姓做实事。但父亲在世时，已经没有多余的银两运作更高的官职，更何况是现在。

胡雪岩慧眼识人，听王有龄对官场有如此认识，认定他是一个人才，今后肯定大有作为，便主动询问，去京城运作更高的官职需要多少银子。王有龄估算说，大概需要五百两。胡雪岩拿出自己的积蓄，第二天一早就送到了王有龄家中，并告诉他愿意提供帮助，希望王有龄能实现自己的抱负，做一名为百姓做实事的父母官。

果然，王有龄拿着这笔钱去了京城之后，再回来时已经是新昌知县。他颇有才干，仅用了十年光景，就已经做到了杭州知府，而胡雪岩的钱庄就在杭州，恰好是王有龄的管辖范围之内。

王有龄非常感激胡雪岩的雪中送炭，在做官期间，给胡雪岩的生意提供了大量的便利条件，甚至将胡雪岩的钱庄划为指定官用钱庄。就这样，胡雪岩依靠当初五百两银子的投入，就换来了现在这么大的产业。后来，随着王有龄官职越做越大，胡雪岩的生意也越做越大，终成一代"红顶商人"。

【职场哲学】

搭建人际关系的途径，无外乎是我帮你，然后你帮我，帮助他人的心是无价的，但帮助本身是有价值的。举个例子，如果王有龄家庭富足，胡雪岩赠送的银两就失去了必要性，只能作为锦上添花的馈赠，但现实中，王有龄非常贫穷，且无依无靠，胡雪岩的赠送足以改变他的一生，这就是雪中送炭。

当然，这并不是说我们要带着功利之心去经营人脉关系，也不是说必须等到雪中送炭再出手，而是要保持理智做判断：对方是否真的需要你的帮助、如果提供帮助对自己是否有影响、用什么方式能更好地达成目的，等等。但也要记住最关键的一点，不要过分期待所谓的回报和反馈。要知道，职场人的互相帮助并不能表现得太过功利，否则就会失去原本应该收获的优质人脉关系。

④ 不要随便给人承诺，因为你有可能做不到

"您放心，我一定能完成""交给我没问题，绝对不耽误"……在酒局等应酬场所里，你是不是经常会听到有人拍着胸脯这么打包票？这些话听上去似乎很可靠，实际上只是应酬时候的"场面话"，甚至会让对方产生"浮夸"的坏印象。

无论在什么场合，都不应该随随便便做出所谓的保证、承诺。作为一名成熟的职场人，要珍惜自己的口碑和信誉，一旦给别人留下"信口开河"的坏印象，就很难真正得到对方的信任。

【案例】

小陈是一家公司的销售代表，为了做出好业绩，他非常注重学习，尤其喜欢听"金牌销售会说话"之类的课程。每次见客户，只要客户提出问题，他都拍着胸脯说自己都能解决。然而，理想是丰满的，现实是骨感的。作为一名销售代表，他能解决的问题非常有限，只能将客户的反馈传达给领导，让领导和工厂进行沟通，久而久之，

客户不再信任他，也不找他签单了。

小陈很困惑，不明白自己究竟做错了什么，为什么连维护老客户都做不到？领导看到他的签单数量越来越少，来找他询问情况。小陈这才把自己平时谈客户、签单的情况都告诉了领导，并询问领导为什么会这样。

领导在这一行摸爬滚打很多年，虽然现在已经不做销售了，但对于如何签单有自己的一套理论。他告诉小陈："客户提出了很多问题，但你不能总是拍着胸脯说自己能做到，你只是一个销售，你又能保证什么呢？你保证了又做不到，客户就会觉得你在说大话，故意糊弄他们。"

小陈想了一下，发现确实如领导所言。客户提出的问题大多是"能不能十天内给我调货""能不能确保质量不出问题"，甚至还有的客户会直接询问"是不是有返点"。他害怕客户会拒绝签单，全都答应下来。于是，他询问领导该怎么做。领导说，你把所有拍着胸脯说保证做到的话变成我尽力去办，您等我的消息，等确定可以再联系客户。

这次沟通之后，小陈按照领导的话执行，每次客户提出问题和要求时，他不再随便承诺，而是先询问厂家、询问领导，得到确定消息后再给客户回复。如果厂家和领导说做不到，他也如实向客户解释。原本他以为自己拒绝的客户也会就此流失，但没想到，有一些客户反而认为小陈是个认真负责的销售代表。

【职场哲学】

很多职场新人去见客户后，觉得双方聊得很好，对方提出的要求我都拍着胸脯做了保证，为什么就没有下文了呢？

这并不难理解，我们换个角度：你是一名业务员，公司安排你去某供货商那里购买产品，并强调了几个特殊条件。你心里很清楚，这几个特殊条件想要同时被满足是比较困难的，但没想到供货商的销售代表立马答应了，而且拍着胸脯跟你保证，做不到就如何如何。你会相信他真的能做到吗？你会认为这个业务代表是真诚的吗？

在职场里，在面对客户时，更应该保持严谨的态度，不随便许下承诺，确定能做到之后再开口。这样做，并不会给别人留下"能力差"的坏印象，反而会因为严谨的态度得到他人的信任，从而留住对事业有帮助的人际关系。

⑤ 话说一半，事要做满

"为了解决这个问题，我可是花了不少心思""这个项目当时差点儿就逾期了，都是靠我的人脉关系广，找到了××才解决了"……在实操过程中，肯定会遇到问题，如何解决问题是对职场人的能力的考验，但解决问题后如何表述同样是对职场人情商的考验。

表述原因往往会出现三种情况：第一种，职场人特别老实，做事兢兢业业，却不善表达，即便成功地解决了问题，也不会向领导、客户邀功；第二种，职场人情商非常高，懂得适当表达，并且也很有能力，能够解决棘手的问题；第三种，职场人好大喜功，把一分的能力说成十分，通过夸张的言语让别人以为他很有能力。

时间久了，老实人成了职场里的边缘人，没有人知道他的真实能力，只知道交给他的工作大部分能完成，但整个过程是易是难，也不会有人在意；好大喜功者初期可能会得到领导的认可、称赞，但领导早晚都会看清他的真实能力；而第二种人既有能力，也能正确表达出来，才能获得领导和客户长期的肯定和信赖。

【案例】

小孙是一家公司的技术员，综观整个公司，他不是技术最出色的，也不是学历最高的，但在短短几年的时间里，他就被升任技术组组长，深受领导的重视。

说到底，小孙凭什么呢？一次项目实践特别能说明问题。

当时，公司承接了一个重点项目，但这个项目有些难度，公司领导特别重视，专门把技术组的所有技术员组织到一起商讨，看谁能在关键时刻顶上去。小孙仔细看了项目需求，并没有主动承揽。而另一个技术员小王站了出来，说自己是某名校毕业的，是公司学历最高的技术员，肯定能完成。领导十分犹豫，因为小王刚来公司没多久，怕他完不成任务，就问来公司时间最久的钱师傅。钱师傅资历老，但随着技术日新月异，他也担心自己无法胜任，便支吾着说您要是交给我，我硬着头皮也得完成。钱师傅都这么说了，其他几名技术员也就都偃旗息鼓。领导觉得，小王太年轻了，钱师傅又支支吾吾的，便没有做决定。

在会议上，小孙没有主动表态，但私下里，他开始认真研究整个项目所需的技术要求，并做出相应的计划书和问题处理方案。做好这些之后，他主动找到领导请缨，并把所有的方案都交上去给领导过目。

对于技术问题，领导并不懂，只是问："你有信心完成吗？"

小孙说："按照我目前整理出来的方案，一般的问题都能应对。但项目进行的过程中，难免会出现新的问题，我希望在碰到新的问题时，能得到领导和同事的支持，钱师傅经验丰富，小王同志有名校基础，还有其他几名同事，各有各的优势，到时候我们就碰到问题解决问题吧。"

领导问："有多少把握？"

小孙说："七成把握，拼十成结果。"

就这样，领导把这个重点项目交给了小孙负责。最终，他也顺利完成了项目，并因为这个项目顺利成为技术组组长。

在项目开始时，小王的表现过于张扬，显而易见的是，他的资历不足以支撑这份张扬；钱师傅老实持重，但他的退缩反而让领导不敢委以重任；而小孙初期不主动，是在做好了万全准备之后，和领导申请，同时也不能做出十足把握的承诺，给自己留出空间。

【职场哲学】

或许有人会问，"话说一半"的尺度怎么掌握呢？首先，把所有极端肯定的词汇换成主动性的模糊词汇，比如，"我一定做到"变成"我尽力做到"，"今天一定能完成"变成"尽量今天做完交给您"，等等；其次，把所有主观色彩的判断变成思考，比如，"我相信就是这样的"变成"我想，大概率是这样"，等等；最后，把所有吩咐变成询问，比如，"就按我说的办"变成"你看这样做可以吗"，等等。

等到事情做好之后，这些语言就会变成加分项，让旁人觉得，你有能力，还很谦虚，这样会赢得更多的好感。

6 态度不是唱高调，而是工作的基础

无论是面对客户，还是领导、同事，越成熟的职场人越要表现出积极、主动的态度。有些年轻人会有这样的误解，认为态度是一种唱高调的行为，要么不屑一顾，要么过度相信高调表态的力量。

实际上，态度问题体现在工作中的方方面面：是否积极主动地承担工作内容、是否能情绪稳定地接待客户、是否积极向领导反馈工作进度，等等。有的读者会纳闷儿，这怎么能算是态度呢，这都是工作呀。在领导和客户眼中，如何面对工作，就是态度，积极应对工作是一种态度，消极怠工是另外一种态度，只停留在嘴上却没有实际行动也是一种态度。

【案例】

一家高档餐厅聘请了一位经理人来经营餐厅，他上班第一天，就非常认真地检查了餐厅里的所有员工：极具性格但水平超高的调酒师、从法国请来的西餐主厨、几位服务员和后厨员工。经理人和调酒师、主厨相互恭维了几句，请他们在今后的工作中协助自己经营餐厅。其他员工都以为经理人是个脾气很好的绅士。然而，当他看到女服务员小 A 戴着耳饰后严肃地提醒她，上班时间内不能佩戴饰品，这关乎餐饮安全。小 A 被经理人当众批评，内心很不服气，虽然嘴上说"知道了"，但又和其他员工小声嘀咕"经理人没事找事"。

经理人看出小 A 不情不愿，觉得她不能胜任这份工作，但自己刚来，也不好随便处理，便打算仔细观察小 A 的表现再做打算。

小 A 心里并没有认同经理人的告诫，刚开始几天还能记得换服装的时候摘掉饰品，但后来就不再当回事。有一天，她去后厨传菜，随手一摸耳朵，发现自己的耳饰不见了。那只耳饰价格较贵，是男朋友送给她的礼物，所以她赶紧找到和自己关系特别好的服务员小 B，让他和自己一起找。

经理人在大堂半天看不到小 A 的身影，就去后厨查看，却发现她和其他几个服务员都在找东西。经理人问他们在干什么，小 A 看到实在瞒不下去，便支吾道："我的耳环丢了，他们都在帮我找……"经理人大惊失色，忙让其他服务员把刚才端出去的菜品都端回来。小 A 还觉得奇怪，问他这是干什么。经理人特别严肃地说："我早就告诉过你，上班的时候不能佩戴饰品，你有没有想过，如果耳环混在菜品里，被顾客吃进肚子里，会是什么后果？"女服务员不以为意，反倒认为耳环那么大、那么硬，吃进去也会被吐出来啊。经理人听完更生气了，问："那你有没有想过餐厅的口碑？顾客在餐厅里吃到耳环，还会再来光顾吗？"

就在这时，服务员小 B 在解冻的鱼肉里找到了耳环，拿过来交给小 A。小 A 看到失而复得的耳环，高兴不已，就满不在乎地说："刚才报损的菜品算在我头上，从下个月的薪水里扣除吧。"她以为，这样一来，经理人就不会再追究了，但她这种态度反而更加激怒了经理人。他二话不说，便辞退了女服务员。

【职场哲学】

工作态度在职场非常重要，这是很多成熟的职场人花费很多年才领悟到的。案例中的女服务员把问题归结于新来的经理人要立威，一点点失误就上纲上线，最后失去了工作。她被辞退真的只是因为丢了耳环吗？当然不是，是她身为餐饮服务人员，并未意识到餐饮安全的重要性，这就是态度不端正。

在评价一位职场人是否合格时，常常会有一个标准——态度够不够好。客户说的态度是指你是否能够提供价值、情绪是否稳定、是否能够及时回复和反馈；领导说的态度是指你是否能够积极主动地处理工作、是否能主动理解领导的意图。他们需要的态度不是像发誓那样走形式，也不是毫无根据地作保证。如果只是那么理解态度，未免太过肤浅了。

第三节　说话的艺术和技巧

① 想要打开局面，需要一段好的开场白

在职场里，你会遇到很多类似的情况：如何向客户介绍自己及公司、如何让客户快速记住自己、如何在众多备选中脱颖而出、如何更好地展示自己……这种情况往往都有"时间短、任务重"的特点。无论是和新客户见面，还是和老客户进行寒暄，都不能掉以轻心，要针对客户情况设计一段好的开场白。

初入职场的人可能会问，这么做有必要吗？客户追求的是利润，只要项目好，开场白好不好重要吗？当然重要。首先，开场白的作用是打开局面，毕竟在交流之前，彼此都不熟悉，你如何获取对方的青睐和信任呢？其次，好的开场白能够给人留下深刻的印象，或许就能帮助你拿下这个项目。最后，谁都不喜欢干巴巴的自我介绍，如果听到了别有心意的开场白，或许就能给客户留下深刻的印象。

【案例】

看过广告的人都知道，想要让观众记住一个品牌，最重要的就是那句广告语是不是能够打动人心，是不是有传播度。在人际关系中做开场白的时候，同样如此。

小飞是某公司的业务员，他每天的工作就是在不同的会展上向客户们展示自家公司的新产品和新功能。参加过会展的人都知道，客户去看产品，常常是心血来潮，所以普通的产品讲述根本就无法吸引客户的关注。

小飞觉得自己得想个办法，让客户们在接近展台的时候就被他吸引，愿意听他讲述。可是该怎么办呢？有一天，他无意中看到电视上正在播放评书，说书先生先是说了四局定场诗，然后拍了一下醒木，小飞突然找到了灵感：对啊，过去的说书先生都会用定场诗当开场白，自己也可以借鉴这种方式啊！

于是，小飞从网上找来很多定场诗，还找到很多朗朗上口的唐诗，背诵下来，又给自己设计了一段开场白："感谢天，感谢地，感谢命运让你我相遇，我是××（品牌名）的小飞。"这样一来，他在会展上先声夺人，让宣传变得更生动有趣，吸引了不少客户的注意，也为公司打响了名气。

【职场哲学】

善用开场白，打开的不仅仅是交流的局面，更是打开人际关系的钥匙。试想一下，原本两个陌生的人或是不熟悉的人洽谈一个项目，我们对彼此并不了解，那么开场白就决定了你留给别人的第一印象，是幽默还是平庸，是健谈还是沉闷……有了良好的初次印象，后面的进展就能顺畅很多，甚至还可能有长期合作。

什么才能算是好的开场白呢？最关键的一点是自然。有很多年轻人特别喜欢阅读关于"话术"类的文章，恨不得背下里面的话，然而，如果不符合当时的环境，反而容易造成尴尬的场面，得不偿失。好的开场白应该是符合环境、身份和性格特点，再加上一点儿轻松幽默即可。这些技巧需要每一个职场人好好去揣摩，而不是依靠所谓的"话术"。

② 职场里，没有无用的话，只有坏事的话

有很多人总是抱怨，而且是不分场合地抱怨，有时候抱怨天气，有时候抱怨工作，甚至有些人会抱怨同事和领导。这些行为都是职场里的忌讳。可能有人会说，就是普通的牢骚而已，没必要上纲上线吧？在职场里，没有无用的话，只有坏事的话，甚至有可能是说者无意、听者有心的话。

从自身角度来看，这些话能缓解你内心的焦虑和烦闷吗？答案是否定的。很多人心情不好、工作压力大，都是实打实遇到的困难，仅依靠牢骚和抱怨，根本无法解决问题，反之还有可能给自己内心造成不好的暗示。

从他人的角度来看，你希望身边有一个总是充满负能量的人吗？答案也是否定的。可能刚开始的时候，还愿意附和几句，但时间久了，就会觉得和怨天怨地的人相处会非常疲惫，恨不得远远离开。

【案例】

小王是公司里的技术骨干，平日里经常为了配合项目而加班加点，十分辛苦。久而久之，他对此也觉得很厌烦，每次接到新任务

时，总是要抱怨几句："怎么又让我加班啊，我的加班费都要超过底薪了。""怎么这么简单的项目都分给我做了？不是招了一个新人吗？"因为小王在这家公司任职了很多年，公司里的领导和同事都知道小王为了完成任务加班加点，即便听他抱怨几句也都一笑了之，并不放在心里。

疫情之后，公司的业绩下滑，大领导觉得按照之前的经营模式很难有起色，便高薪聘请了一位经理人，全面接手公司的经营。小王的直属领导特意叮嘱小王，之后如果有项目分配过来，不要随便抱怨，毕竟是新的经理人，大家还是小心为上。然而，小王并未放在心上，一方面是因为他的实力在那里摆着，作为公司的技术骨干，很多项目如果没有他去处理，根本就完成不了；另一方面是因为他觉得，经理人平日又不是天天都在公司里盯着，怎么可能那么凑巧就能听到自己的抱怨呢？

没过多久，新经理人到岗，开始对经营模式进行大刀阔斧的改革。让小王万万没想到的是，在刚来公司第一天开会时，经理人就当众说："如果对工作安排感到不满，可以直接到我面前和我说明，如果我认为有必要，再聘请一位技术员并不是什么难事。但是，不利于公司团结的话，我不希望在公司里听到。"说完，经理人还特意看了一眼小王。

小王怎么都想不通，自己还没有发牢骚呢，怎么就被经理人点名了呢？直属领导这才告诉小王，其实，公司内部早就有员工和大领导汇报过小王的事情，大领导也问过他的意见，有没有必要再招聘一个经验丰富的技术员来避免小王居功自傲，也避免小王突然辞职带来的不便。直属领导清楚小王的为人，所以才一直替他搪塞。新的经理人来之前，大领导肯定也特意交代过小王的问题。

　　小王很感激直属领导的照顾，也终于意识到自己的问题。之后在工作中，他再也没有胡乱抱怨过，避免了同事之间产生矛盾和隔阂。

　　【职场哲学】

　　在职场里，像小王这样的员工很常见，他们并没有消极怠工，也不是真的满腹牢骚，就是习惯性地吐槽生活、吐槽同事、吐槽工作。但实际上，这种行为本身就会不自觉地影响周围的人。小王之所以那么长时间都没有意识到自己的问题，是因为他有过硬的实力和愿意照顾他的直属领导。

　　然而，不是所有人都能像小王那样幸运，有多少员工稀里糊涂地上了领导的黑名单呢？所以，职场人要做的是，规避所有会给自己造成麻烦的习惯，从学会细节开始。

③ 领导需要听实话，也要听好话

　　作为一名员工，经常会面临要向领导汇报工作和反映问题的情况。有些人会选择相对稳妥的方式，不论好坏，都是实话实说；有些人会比较灵活，用"话术"包装一下，专门拣领导爱听的话说。到底哪一种方式更好呢？

　　正所谓"忠言逆耳"，实话往往都不太好听，领导也是人，也希望听好话，也希望营造和谐的氛围。但如果都说"顺耳"的，领导是爱听了，但该解决的问题没有得到解决，工作顺利完成了还好，如果没有完成，最后承担后果的就是自己。

我们应该坚持两手都要抓，两手都要硬的原则，好话得说，实话也得说，这才是在职场里说话的艺术。

【案例】

古典名著《红楼梦》里，王熙凤身边有个非常信任的得力助手平儿，她既是王熙凤管理贾家的助手，生活中还要伺候贾琏，更要提防王熙凤吃醋。用贾宝玉的话来说："思平儿并无父母兄弟姐妹，独自一人，供应琏凤夫妇二人。贾琏之俗，凤姐之威，她竟能周全妥帖……"

王熙凤在小产后需要休息，平儿在众多婆子丫鬟面前就代表着王熙凤的权力，替王熙凤处理问题。其中有一章内容特别精彩，那就是大观园里丢了玫瑰露，再加上婆子看上了小厨房的管理职位，纷纷借此发难。

当时，所有人都说玫瑰露是厨房管理者柳家媳妇偷的。平儿了解了一番之后，知道小厨房里的玫瑰露是贾宝玉私下给了柳儿，算是主人给丫鬟的赏赐，并不是赃物，决定问过贾宝玉后就还柳家媳妇一个清白。也知道了真正偷走玫瑰露的是贾环的丫鬟彩云，她偷玫瑰露也是为了贾环。贾宝玉为了不伤害旁人，便决定把这桩事情也认下来。

等平儿回去向王熙凤汇报时，王熙凤不太同意，她认为，既然有了贼，那就把所有有嫌疑的下人都扔在烈日下跪着，一日不招就跪一日，早晚会有人受不住招供。就在这时，平儿赶紧劝她，而且劝得非常艺术。她先是说王熙凤这次小产就是累的，平日里为了管理贾府，没少被这些婆子、下人记恨，现在身体都这么差了，何苦还要管这些闲事？何苦还要被下人们嚼舌根子？然后她又说，反正现在宝玉愿意认下，对内对外也算有了交代，如果王熙凤还揪着不放，岂不是和三姑娘贾探春过不去，到时候事情是得到了公正的解决，可姑嫂关系还怎么处呢？毕竟是贾环指使丫鬟去偷东西，说出来丢脸的是那一房的人，就算不看赵姨娘和贾环的面子，也得顾及贾探春的面子。王熙凤听完之后，也只好叹了口气，任凭平儿去处理。

平儿是王熙凤从娘家带过来的随身丫鬟，她在汇报的时候也是采取了两头说的技巧，先是关心凤姐的身体，要凤姐以身体为重，再说利害关系，但话里话外，还是在替凤姐考虑。这么一来，即便是杀伐果断的王熙凤，也认同了平儿的做法。

【职场哲学】

向领导汇报工作的时候，实话体现在工作进度上，好话体现在对领导的感激上；向领导请示问题的时候，实话体现在真正的难点上，好话体现在领导的聪慧上。如果是在无关紧要的事情上，实话的含量可以低一点儿，好话的含量高一点儿；如果事情比较重要，那多说实话，但可以适当增加一些"领导，我这也是为了工作，为了咱们这个部门"之类的话，让领导明白，你没有私心。

很多人都认为"好话"等于"拍马屁"。实则不然，如果你能换位思考，想明白领导愿意听什么，那就算是好话。比如，大领导希望员工能够站在公司的角度去思考，中层领导希望下属能够为了部门而思考，这些话可能也不太顺耳，但同样属于"好话"。

④ 同事之间，也需要互相"捧场"

同事之间依靠什么来维系关系呢？很多人认为，同事嘛，肯定就是靠共事。共事，只是成为同事的基础，并不能成为维系关系的纽带，真正能够拉近彼此之间关系的是"捧场"。

这里所说的"捧场"，不是违背自己的意愿去奉承他人，更准确地说，是在适当的时候给予别人肯定，至少不泼冷水。比如午休时间，有的同事就愿意分享，分享自己的所见所闻，分享生活里的点滴。会捧场的人就会融入进去，不会捧场的人就会戴上耳机做自己的事情。这两种做法，很明显，前者的人缘就比后者好。

很多年轻人会觉得疑惑：不是说尽量不涉及别人隐私吗？那如何靠"捧场"拉近关系、融入集体呢？要明确的是，捧场不等于要嚼舌根子，也不等于拉帮结派，就是别人闲聊天儿的时候，你找个最好的时机融入进去，说些无伤大雅的闲话，目的是让别人感受到你释放出"愿意结交"的善意。

【案例】

李飞是个大学刚刚毕业的学生，通过校园招聘进入心仪的公司。李爸爸特别担心孩子进入社会后不习惯，便反复叮嘱儿子要谨言慎行、低调行事，千万别什么话都和同事说。李飞牢牢记在心里。

公司安排一位项目负责人专门带新人，和李飞一起进入公司的几名职员都由他负责。在办公室里，李飞牢记李爸爸的叮嘱，不爱说话，勤恳做事。另一个同事刘源则正好相反，他的性格比较活泼，和其他同事都聊得来。一个月之后，负责人对新员工进行点评，刘源得到了大多数人的称赞，而李飞则只有一两个同事评价说还不错。面对这种结果，李飞很不理解，觉得自己做得一点儿都不比刘源差，为什么得到的良好评价数量相差这么多呢？

一天晚上下班，负责人借着项目组取得突破性进展为由请大家吃饭。在饭桌上，李飞很拘谨，刘源却很放松。看着刘源和众多同事都打成一片，李飞心里越想越不是滋味。就在这时，负责人把李飞叫到自己身边，问他知不知道刘源和自己的区别是什么，李飞摇头。负责人就让他好好观察一下刘源是怎么和大家相处的。

李飞仔细观察之后，这才发现，每当其他同事说点儿什么，刘源都很积极地附和，也说类似的见闻和经历。同事们很乐意和刘源一起交谈。负责人对李飞说："可能你刚毕业，觉得和同事们交谈会不自觉地矮了一分，但就是这份疏离感，让同事觉得你不合群。刘源呢，就比较愿意和同事交流，其实他们也只是闲聊。你们两个新人的能力不分伯仲，但谁愿意和同事们沟通，同事们自然就愿意帮他说好话。你明白了吗？"

经过负责人这么一点拨，李飞也逐渐改变了自己，平日里，同事们闲聊时，他也乐意和大家聊聊热点新闻、娱乐八卦。时间一长，同事们都说李飞是个慢热的人，熟悉了也很健谈，李飞也就慢慢融入了项目组并成为其中的一员。

【职场哲学】

"捧场"是需要技巧的，就像是相声里的"捧哏"，讲究"三分逗七分捧"。同事们都在聊明星八卦的时候，你不能板着脸说"我不感兴趣"，也不能真的依照自己的喜好指指点点，就是凑个热闹而已。同事们说假期旅游的时候，你不能扫兴地说"真无聊"，再没话说也能称赞一句"真好"。

尽管是办公室里的闲聊天，也不能把天聊死了，而是要活跃气氛，让同事觉得有共同语言。每天上班已经是非常辛苦的事情了，同事之间靠什么活跃气氛呢？靠的就是你给我捧个场，下回我给你捧个场，又不是原则上的问题，也不是工作上的安排，可以放松一些。

⑤ 如何打圆场，是每一位职场人的考场

很多职场人都会参加饭局，领导主要是为了洽谈项目，普通打工人可以顺便拓展人际网。不管是抱着什么目的，这里都不像朋友、同事聚会那么轻松，更需要我们运用智慧去应对，其中，最考验情商的莫过于打圆场。

出现需要打圆场的情况，至少说明当时已经陷入了比较尴尬的局面，或是已经冷场了，这时候考验的不仅仅是一个人的口才，更考验一个人的情商。有些人虽然巧舌如簧，但若是分不清场合和情况，很有可能会导致现场更加尴尬。如果巧妙地打了圆场，就会给现场的人留下深刻的印象，对打通人脉关系很有帮助。

【案例】

《红楼梦》里有很多打圆场的巧妙描写，其中，最能展现打圆场智慧的人物莫过于刘姥姥。其中耗费笔墨最多的便是刘姥姥逛大观园。

刘姥姥作为无意中和王家连了宗的亲戚王狗儿的岳母，只是一个家有几亩薄田的穷苦庄稼人，为了能"打秋风"，她才带着外孙子板儿来荣国府。得到了一次帮助之后，她带着刚从田地里采摘的瓜果再次来到荣国府，谁承想被贾母知道了，就把她请了进去。

贾母先是说自己老了，记性也不好了，平日里也没什么事情可做，正闲得发慌，想找个老亲戚聊聊天。王熙凤见状忙让刘姥姥给贾母讲讲田间地头的新鲜事儿，老太太爱听。刘姥姥立刻心领神会，绘声绘色地讲了起来：有一年冬天特别冷，还下着大雪，她听见院子里

有动静，让众人猜测是什么动静。贾母抢着说，应该是过路人觉得冷，想抱点儿柴火去烤火吧。刘姥姥接着说，我看到一个特别漂亮的女孩儿……还没说完，就传来下人惊惶失措地喊"走水（失火）了"。

这个突如其来的变故打断了刘姥姥的讲述。等火被扑灭之后，刘姥姥知道，这个故事已经不适合再讲下去了，就想换一个。但贾宝玉关心漂亮女孩儿的结局，催问刘姥姥。贾母有些不高兴，说都是"柴火"才引来了火灾。对于刘姥姥而言，这是一场"危机"，且看这个老妇如何圆场。她知道老年人都喜欢阖家欢乐、团团圆圆的故事，于是又讲：一对老两口一直没有孩子，老太太特别虔诚地求神拜佛，希望能有个儿子。也许是诚意感动了上天，真的给了他们家一个大胖小子……这个故事让喜欢圆满的贾母和吃斋念佛的王夫人都面露喜色，但贾宝玉又站了出来说，男孩儿不好，还是女孩儿好。刘姥姥很聪明，知道贾宝玉是整个宴会里最受宠的孙辈，便顺着他的话茬说，是啊，没几年又来了个如花似玉的女孩儿。听得贾宝玉连连说"女孩儿好"，贾母和王夫人都是比较迷信的人，所以也特别满意。正是有了贾府里的老祖宗对刘姥姥的认可，刘姥姥这才开启了她的"大观园"之行。

【职场哲学】

案例中的刘姥姥在最开始的时候就属于还没开始表演就发生了变故，贾母甚至当场把贾府的"走水"和故事里的"柴火"联系到了一起，刘姥姥如果处理不当，很可能被迁怒。再加上贾宝玉刨根问底，更是让贾母失去了贵族的风度。但这也让刘姥姥看出贾母的偏好，她很相信"求神拜佛"这类迷信故事，于是开始了第二个故事。在讲述第二个故事时，贾宝玉又跑出来"捣乱"，说男孩儿没有女孩儿好，刘姥姥顺势一转，说又来了第二个孩子，就是个女孩儿。刘姥姥只用了"投其所好"的方法，就得到了贾母和贾宝玉的认可。

打圆场是否漂亮，有很多技巧，刘姥姥所用的"投其所好"不过是其中一种。除此之外，还有幽默化解、假装听岔了、转移话题、借用老梗，等等。无论招数如何，最重要的一点就是：借用巧劲儿、顺势而为。有很多人打圆场的时候用力过猛，反而导致局面更加尴尬，切记切记。

6 在什么场合见什么人，要说什么话

人脉圈子，会出现在形形色色的场所，如酒吧、KTV、饭馆、咖啡厅等；会遇到不同身份的人，如领导、现同事、前同事、客户，包括关系熟悉的长期客户以及毕业之后几年没联系的大学同学；甚至会谈及不同的事情，如工作项目、资源互置、沟通感情、插科打诨，等等。

但很多职场人搞不清其中的区别，甚至很多人总是走两种极端：一种是过分端着，时刻都保持着高度警惕的状态，放不下职场人的面具，久而久之，就会把原本能进一步拉近的人脉关系搞得很疏离；另一种是过分放松，跟谁都是自来熟，实际上，这样的方式可能让你看起来人缘不错，但几乎没有深交的人脉关系。

成熟的职场人懂得人际交往中的一个必要原则：在什么场合见什么人，说什么话，做什么事。该端着的时候，要表现出职场精英的干练，该松弛的时候，要表现出过来人的友善。只有这样，才能在人际关系中打开局面。

【案例】

孔子和他的学生流传下来很多历史小典故，其中有这样一个故事。

孔子在教学的时候很喜欢采取理论和实践相结合的方式，经常带着学生们外出讲学，而不是在某一个固定场所。有一天，孔子和往常一样，带上口粮和学生们出发了。没想到的是，就在路上，拉车的马挣脱了，跑到庄稼地里啃食农民的麦苗。农民看到自家的麦苗被马糟蹋了，自然不干，一把抓住了牵马的缰绳，就准备找马的主人理论。

子贡是孔子最喜欢、最有才学的学生之一，也是当天学生队伍里以"能言善辩"而出名的人。于是，他走到农民面前，躬身行礼，向农民赔罪。虽然，子贡有学识、有口才，但常年和"之乎者也"打交道，出口成章，听得农民连连摆手，直说"我听不懂"。一个文人、一个农民，两个人僵持不下。

就在这时，一个刚刚拜师的学生站了出来，对孔子施了一礼，说："老师，请让我去试试吧。"其他学生并不看好，认为像子贡那样有口才、有学识的人都搞不定这位农民，他肯定也做不到。但孔子并不这么认为，便让新同学去试试看。

他走到农民面前，还没开口，农民就抢先说道："别跟我说那些之乎者也，我就是一个粗人，听不懂。"这位学生忙说："您又不是在遥远的东海种田，我们又不是在遥远的西海经过，我们的马之所以能吃到您的麦苗，正说明我们离得近。今天我的马不小心吃了你家的麦苗，没准儿明天你家的牛也跑来吃我们的庄稼呢。既然离得这么近，咱们乡里乡亲的更应该体谅才是啊。"农民听完，觉得这番话听上去还挺有道理，而且这个学生虽然是文化人，但说话并没有表现出文化人的高傲，说那些让人头大的"之乎者也"，于是，他大手一挥："这才像话。我也不是多计较的人，但你们刚才上来就先来一套'之乎者也'，摆明了看不起我们粗人。既然你这么说了，马还给你吧。"

【职场哲学】

子贡难道还不会说话吗？当然不可能，但他弄错了对象。对农民说"之乎者也"，对读书人说"庄稼种植技巧"，这都是非常不合时宜的事情。

每个人都有各自的社会属性，职场人身上这个标签更加明显。对面是公司的领导、同事，在交谈的过程中可以不用太过拘泥，但谈话内容尽量和工作有关，尤其是不要掺杂私人恩怨；对面是上一家公司的同事，或者是本公司已经离职的同事，谈话时可以更放松，但谈话内容切记要注意保密；对面是刚认识不久的客户、同行，谈话时就要保持专业度，对自己的公司和对方熟悉的同行不要随便评论；对面是已经合作时间很长的客户，可以故作熟络，谈话的内容可以为今后继续合作铺路……

如果能够运用得当，再加上场合的加持，就能够迅速有效地拓展人脉圈子，并且通过人际关系让自己的事业更上一层楼。

第二章　领导，是领路人，
也是考核人

第一节 打工人，请先摆正心态

① 大多数领导其实也只是打工人

一家公司，无论大小，至少都会分为三个梯队：公司绝对的大领导、管理层（一般也可以看作中层领导）和员工。如果公司大一点儿，梯队会更多。但不管怎样，除了绝对的大领导之外，其他管理层的本质也只是打工人。

很多年轻的职场人弄不清这一点，特别容易钻牛角尖，认为自己的直属领导是在针对自己。实际上，直属领导也只是中层管理者，他们在公司要对大领导负责，也要对基层员工或团队下属负责。如果你没有出现重大失误，或者没有大领导的指示，中层领导是不会随便和下属过不去的。甚至在很多时候，中层领导和底层员工是站在一起的。

【案例】

小强大学毕业之后，通过校园招聘进入一家专业对口的公司，成为一名技术员。原本他觉得自己是名校毕业，又拿过很多专业奖项，可以很容易地在公司里站稳脚跟。然而，很快他就发现，自己做出来的产品，直属领导总是这儿也不满意，那儿也得改。

刚开始的时候，他压着性子和领导沟通，觉得领导说的修改的地方是可改可不改的，并不是必须改动。但领导驳回了他的说法，让他照做就好。对此，小强很不高兴，每天回家都和父母抱怨，这份工作做得不开心，领导总是否定他。父母就安慰他，新人进入职场，肯定有一定的磨合期，如果你觉得自己被领导针对，就找领导去聊一聊，问问他自己哪里做错了。

小强一听，觉得有道理。于是，他在某一天晚上下班时，特意和领导一起走。在回去的路上，他忐忑地问领导：“您是觉得我哪里不够好吗？为什么我做出来的东西总是哪儿哪儿都不行，总是有要修改的地方。我看其他老师的东西没有那么多要修改的地方啊……”

领导被问得有些蒙了，等反应过来之后才笑着说：“不是我让你改的，是大领导说里面有些内容不符合咱们公司的整体风格。你刚来公司，对公司在细节上的默认规则还不熟悉。怎么，你以为是我卡着不让你过？”紧接着，领导特意向小强解释道，“你别看我是你的直属领导，但我负责的是整个项目的统筹，至于你做出来的东西能不能被通过，我只能向大领导做汇报，提出自己的看法，而真正拍板的人是大领导、是客户，咱们都只是执行者。”

【职场哲学】

对于领导提出的各种意见，职场人应该保持积极的看法和态度。

很多年轻的职场人都会像案例中的小强那样，在没有确定之前，就曲解了直属领导的意见，在心里生出抱怨。在这种情况下，又如何能以好的状态投入工作呢？

不可否认，有些领导的确会把个人情绪带到工作中。但作为下属，我们不能只根据领导提出的意见，就轻易得出"领导针对我"这个结论，而是要勇敢地站出来，像小强那样去询问领导，希望领导帮我们解惑。这是正向的解决问题的方法。

如果你这么做了，往往会有两种可能：一种是你和领导沟通明确，确定了领导并没有针对自己，有助于你继续投入工作；另一种是领导知道你已经警惕起来，在接下来的工作中自然会有所收敛，如果他还是没有收敛，你也就知道，这样的领导不值得你再浪费时间，做好自己分内的事即可。

② 不要随便质疑领导的决定，至少不在公开场合质疑

在职场里，有一条不成文的禁忌：不要当众质疑领导的决定。很多年轻人不以为然，觉得对就是对，错就是错，领导又不是完人，也会犯错误，为什么不能当众质疑呢？也许领导还会认为下属能够当众提出质疑，是有勇气的、敢于直言的。

首先，任何人都不喜欢别人质疑自己，尤其是在专业问题上。在学校里，老师不喜欢同学在课堂上直接质疑他的教学，如果有问题可以私下讨论；在饭馆里，厨师也不喜欢顾客随便质疑他是不是会做菜，如果有不满意的地方可以提出来。同样，领导更不会喜欢随便当众质疑他的下属。

【案例】

在电视剧里，我们常常能够看到这样一个情节：皇帝颁布了某个命令，一个大臣站出来说："陛下，臣以为不妥。"在历史上，的确有一些大臣以敢于进谏而闻名，最出名的莫过于唐代的魏征。

然而，事实证明，真正能够听得进去反对意见且不因此而记恨大臣的皇帝，真的是太少了。在明朝，从明太祖朱元璋开始，就有言官制度，他们的日常工作就是进谏，皇帝公布诏令，言官立刻上书表示"不行"，大到皇帝实行新政，小到皇帝准备为后宫采买珠宝。反对的人多了，皇帝就不再说什么，如果反对的人少了，皇帝就出来骂一顿，反对无效，继续执行。如果皇帝生气了，还会下令对反对者施以仗刑。

纵观整个明朝，"大礼议事件"是极其出名的大臣反对皇帝最终被清算的政治事件。明武宗朱厚照突然死亡，只好由堂弟朱厚熜继位。大臣们认为朱厚熜好拿捏，就让他认朱厚照的父亲为亲生父亲，不能给自己的亲生父母上尊号，朱厚熜当然不同意。于是，君臣之间开始了你来我往的极限拉扯。后来，南京刑部主事张璁与同僚桂萼竟然找到了关于堂兄弟继位的可行性，朱厚熜觉得这就是依据，要按照这个规章制度办理。结果，引发了数百位官员集体反对。他们纷纷跪在朝廷上，要求皇帝收回圣旨。结果，明世宗朱厚熜大为恼火，下令对这几百名官员施以仗刑，最终导致十六名官员当场死亡。

【职场哲学】

案例中的"大礼议事件"是非常残酷的政治斗争，现如今，当面质疑领导肯定不会引来杀身之祸，但也从侧面反映出：想要当面质疑领导，就要做好最坏的打算，因为你不能确定所面对的领导是开明的

"李世民"，还是多疑善变的"朱厚熜"。

难道说，领导的意见就一定是正确的吗？下属不能提出疑惑或建议吗？当然不是，但要反对领导的意见需要注意以下几点：首先，要私下进行，给领导留住面子；其次，要有理有据，如果能够摆事实讲道理，领导也不会置若罔闻，任由事情往错的方向发展；最后，表明自己没有任何私心，公事公办。

很多人忽略了"私下建议"这种具有可执行性的方式，反而要当众质疑领导，即便是再正确的意见，领导也都先自动曲解为"你是刺头""你在反对我"，不仅无法改正错误，到头来，真正背锅的还是下属。

③ 做好 A 计划和 B 计划，让领导拍板

如果领导交代了某一项任务，让你在规定时间内完成，又或者项目遇到问题，领导让你想办法解决。很多年轻的职场人会选择按部就班地完成，把方案递交上去之后，领导不仅不满意，还能挑出很多问题，甚至还会说"你能不能换个思路"。明明是按照领导的指示去做的，那领导的这句话是什么意思呢？

答案很简单，你只做了 A 计划，没做 B 计划。

成熟的职场人都知道，领导交代完成一项任务，不能只准备一套方案，尤其是领导已经提出了几种不同的策略，相对应地，就需要做出几种不同的方案。一方面是让领导知道，下属已经完全领会他的意思；另一方面是让领导有更多的选择权，而不是下属自作主张。

如果是遇到问题，更不能只提出一种解决方案，而是要站在更全面的角度，提出几种解决方法，并阐明每种解决方法的利弊，让领导选择用哪一种方法解决问题。

【案例】

有一天，领导召集全组成员就某一个项目进行了一番探讨，组员们根据各自的认知提出了不同的意见。会议结束时，领导让组员晨晨就会议记录整理出项目方案。晨晨觉得这是一项很简单的工作，就把会议记录里的内容复制粘贴，形成了一套方案。

然而，她交上去之后，领导直接给退了回来，并让她重做。晨晨觉得自己做得很用心了，为什么领导不满意呢？她思来想去也没明白，就找到刚进公司时负责带自己的王姐。王姐一看就笑了，告诉她，所谓的整理出会议记录项目方案，不是把所有意见汇总成一个文件，而是要把每个人在每个项目细节里的不同方案提炼出来，形成几套方案，并且要汇总领导的重要指示，写明可执行性和风险要素。

晨晨这才明白了领导的真正用意，重新做了一份项目规划书，按照不同组员提出的意见，最终汇总成了 A 方案、B 方案和 C 方案，并且在下面备注了领导当时的建议和总结。领导收到这份项目规划书之后，才满意地去向大领导汇报。

【职场哲学】

任何一个项目都不是只有一种完成途径，而是会有多种解决方法。同样，如果遇到问题，也不可能只有一种解决方式，如果下属直接选择其中一种，势必会给领导留下一种印象：你已经陷入了固定的思维模式，并且懒得去思考新的解题思路。

如果领导本身就已经给出了多种思路，但最终落实到文件时，你仍然只选择其中一种，领导不仅会认为你是在偷懒，更坏的结果是认为你擅作主张。这些都是职场里非常不可取的行为。

反过来说，如果领导并没有要求你做出多种方案，而你通过自己的思考做出来了。放心吧，领导一定不会认为你是多此一举，而是会认为你是一个勤于思考、顾全大局的下属，这对自己的职业生涯有百利而无一害。

④ 世界都是不公平的，为何要到领导面前要公平

有这么一句话："世界没有绝对的公平，公平是相对的。"

然而，很多年轻的职场人却强调，我受到了不公平待遇，或者是××领导对我不公平。必须承认，的确有部分不公平的事情在职场里上演，但我们要做的不是一味强调不公平的现象，而是要通过自己的能力去改变不公平的遭遇。

【案例】

小梅是一个从农村通过高考考入大学的女孩儿，学习财会专业。在大学里，她特别勤奋且努力，并且报名参加多种证书的考试。她知道，和其他同学相比，她有太多薄弱的地方，必须利用大学四年的时间努力缩小和其他同学之间的差距。

在毕业之后，她却并没有因此而获得好的工作。在校招的时候，很多面试官都对她的成绩表示满意，但每次询问其他问题时，都流露出惋惜的神情。小梅并不知道为什么，被拒绝的次数多了，她忍不住直接询问一位面试官："为什么您满意我的成绩，但问了其他问题后，又委婉拒绝我呢？"面试官说："你不是本地的学生，家里也不

能给你太多的支持，我们最初给实习生的工资非常低，不可能覆盖你在这座大城市的开销。换言之，要么你会去做兼职，牵扯精力，要么就是把我们公司当跳板。此外，你是一个女生，就算我们公司聘用了你，过不了两年你就要结婚生子，我们人事部又得重新招人……你的成绩再好，也不足以让公司冒险聘用你。"

小梅听完后，觉得这太不公平了，却无可奈何。就连小梅的室友知道后都替她抱不平。过了几天，小梅调整好自己的状态，又去面试。但这一次，她没有选择校招，而是去了社会上的招聘会，选择最基础的财会助理岗位。这个岗位对专业度要求并不高，但好处是能够直接跟随经验丰富的会计对账，可以上手操作。面试官觉得，很多有了会计证的人根本看不上这种助理岗位，有人愿意来更好。就这样，小梅找到了自己的第一份工作。

工作之后，小梅每天都忙着帮会计核对数字、核对发票、跑银行和对接单位，尽管这些工作非常琐碎，但小梅没有任何抱怨。时间久了，财务部的同事也非常认可小梅的工作态度，又知道她已经考取了会计证，也多给她一些机会学习专业技能。

但好景不长，公司突然空降了一位新的财务主管，据说是领导的直系亲属，且是某高校毕业的高材生。对于这位关系户，有些同事抱怨世道不公，认为学得好不如投胎好，也有同事动起了歪心思，觉得要和新主管搞好关系，以便搭上领导的快车。小梅并不这么认为，她觉得，新主管虽然是空降的，但毕竟是高材生，即便有领导这层关系，能力和知识是做不了假的，以前怎么工作现在还是怎么工作，并没有被影响。

又过了一段时间，小梅终于凭借自己的能力得到了晋升，成为一名真正的会计。就连空降的财务主管都过来表示祝贺，恭喜她开启新的职场生涯。

【职场哲学】

在职场里，遇到不公平，你应该怎么做？是一气之下跑去找领导告状，还是像祥林嫂那样天天和别人说自己遭受了不公正的待遇？诚然，职场里肯定会有不公平的现象发生，有的是因为人情世故，有的是因为学历背景，但无论如何原因都不重要，重要的是该如何消除不公。

想要改变不公平的待遇，依靠的绝不是抱怨，也不是吵闹，而是要用实力说话。如果领导不公平，就用实力告诉他，你能行；如果是客户不公平，就用实力告诉他，你能做到。

⑤ 开会时，就算不能打鸡血，也不能昏昏欲睡

每个职场人都逃不开会议的包围，如每周例会、项目筹备会、工作总结会，甚至还有公司有月度会议、季度会议，等等。很多职场人都在抱怨：不知道为什么要开会，不知道开会能解决什么问题，开会等于打鸡血……

的确，会议多并不等于团队凝聚力更高，也不等于能够解决更多问题，但有些公司的领导想要掌控项目就得依靠会议本身。既然不能解决现状，那就做好自己，让自己不成为公开反驳领导的人。

在会议中如何表现，是不同的选择，自然也会收到不同的结果。一个成熟的职场人应该做到：不打鸡血、不垂头丧气，适当地给予合适的反应。

【案例】

小鹏是公司的技术员，负责几个项目组的基础技术支持，为了赶进度，他经常加班，是公司里来得最早走得最晚的人。公司领导也很认可他的表现。但领导对他唯一不太满意的地方，就是小鹏在开会时总是哈欠连天，常常让他这个领导下不来台。

有一次每周例会，领导正在了解项目组的进度，小鹏作为技术员，原本应该汇报一下自己手头工作的时间安排，每个项目安排在哪一天完成，方便其他同事安排后续工作。领导就叫小鹏说一下，没承想，小鹏竟然睡着了。其他同事连忙打圆场，说小鹏是因为昨天晚上加班到九点左右，可能是影响休息了。领导也是个聪明人，连忙让行政人员买几杯咖啡回来。

经过这次事情，领导开始考虑是否有必要再招聘一名技术员，不能把所有项目都放在小鹏手上。小鹏知道后，觉得很亏。因为技术员的底薪并不高，需要按照操作的项目件数来赚取奖金，而且公司发放的加班费也是非常可观的。

思量再三，小鹏找到领导，询问自己是不是哪里做得不够好。领导一路看着小鹏从职场新人走到技术骨干，也不想再费尽心力去培养新人，便坦言道："其他方面都没有任何问题，肯吃苦、以公司为重，这都非常好。但每次开会的时候，总是昏昏欲睡，我知道你辛苦，但你每次都这样，其他员工怎么看公司呢？"小鹏一听，立刻表示道："我一定改正，其实主要是没人会在意我，觉得开会的半个小时，我能偷摸眯瞪会儿。"领导语重心长地说："很多人都觉得开会是在浪费时间，但是作为领导，怎么把控公司的项目进度呢？只能靠开会汇报啊。我也不能每天挨个去问你今天做什么，明天做什么。咱们都互相体谅一下吧。"

和领导交心之后，小鹏也认识到了自己的问题，在之后的会议上，他格外注意自己的状态。领导看到小鹏的转变，便打消了再培养新人的念头。

【职场哲学】

开会也是工作的组成部分，作为一名成熟的职场人，需要对会议本身端正态度。开会时，很多员工坐在一起，每个人都不是最突出的那个，有些人明目张胆地摸鱼，但这种行为在领导看来，就是消极的。

这种消极，并不在于你对会议本身有什么影响，而是在于领导会因此误解你的工作态度。一旦被领导打上"态度不积极"的标签，就很难再转变了。所以，开会时，我们不用太追求有多积极的态度，但也不能表现出消极的状态来。

⑥ 领导的话，不是听到的，而是领会到的

领导的发言是非常讲究技巧和艺术的，甚至有人曾经在网络上整理出来一份领导潜台词，比如："我需要知道更多的细节才能作出决定"，意思是"你这份文件缺少数据支撑"；"征询你的意见"，就是在让你表态；"你最近在忙些什么"，意思是这段时间你没有作出具体的成果，也没有及时向领导汇报工作进度；"我的意见只是参考"，意思是"就按照我说的做"，等等。

很多年轻的职场人会想，难道职场里还有"黑话"吗？为什么领导不能直截了当地说明白呢？实际上，这些不过是领导设置出来的考

验罢了。毕竟每个员工都有自己的工作风格和脾气秉性，有的员工能够听懂领导的话外音，自然就能领会领导的意思，但如果领会不到领导的意图，很有可能好心办坏事。

【案例】

嘉靖皇帝在大明王朝所有的皇帝中算是比较特立独行的，他本人非常多疑，而且放任内阁的派系相互斗争，自己坐收渔翁之利。他有一个让所有大臣都特别头疼的喜好，就是写旨意的时候总是喜欢让大臣们去猜，谁能猜对他的意图并且执行下去，就能得到他的重用。

在嘉靖皇帝下令罢免严嵩并且抄家之后，徐阶上书建议这笔巨款应该如何使用，但是嘉靖皇帝看完之后，直接退了回来让他重新分配。徐阶百思不得其解，就在这时，赵贞吉站了出来，告诉徐阶，您这笔费用没有给皇帝留出修缮宫殿的空额，皇帝怎么能同意呢？

果然，徐阶重新草拟递交上去后，嘉靖皇帝很满意。在得知这是赵贞吉的主意后，就想着让赵贞吉进入内阁。然而，嘉靖皇帝没有明说，而是给徐阶送了一副对联：上联是"三光日月星"，应该对的下联是"四诗风雅颂"，或者"四德亨利元"。徐阶看完之后，特别疑惑，不明白皇帝是什么想法，就去问嘉靖。没想到，嘉靖皇帝只回了一句"如果严嵩还在，他就不会这么问"。

没办法，徐阶召集了内阁大臣，商讨对策。后来，有人告诉他，去了解一下背后的典故就能知道皇帝的用意了。原来，嘉靖的意思是选择"四德亨利元"的下联。这是苏东坡的杰作，《周易》说，四德是亨利贞元，但苏东坡对对联的时候，皇帝是宋仁宗，因为宋仁宗叫赵祯，为了避讳，就只写了"四德亨利元"。嘉靖皇帝想要表达的意思是：内阁里只有三个人，少了个"贞"啊，这个贞就是指赵贞吉。

【职场哲学】

要想搞明白领导的真正意图，不是听领导说什么，而是领会领导这么说背后的用意和原因。有很多年轻的职场人不懂得这个道理，所以常常跑偏了方向。

如何能真正搞懂领导的意图呢？首先要做的就是了解领导的为人，有的领导特别直白，那就没有必要费尽心力去思考，照着领导的安排做就可以；有的领导说话总是说一半，那就说明面对这位领导需要多问多汇报，通过这种方式再次判断领导的真正意图。

如果实在把握不好，可以采用最"简单有效"的方法，听完领导的指导意见之后，询问一下"我这么理解，您看合适吗"，在得到领导赞同后再去做。而且时间长了，你自然就能了解领导的办事风格和真实意图了。

第二节　争取进步，要让领导看到你的主动

① 了解领导的脾气，就是了解职业规划

每家公司都有自己的企业文化，但那些类似于口号式的宣传语并不能真正代表公司的本质。什么是公司的本质？简单来说，就是看这家公司在做什么、领导是如何对待员工的、哪一类型的员工会得到重用，等等。而这些问题归根结底，都要充分了解领导的偏好和侧重点。

可能有些人认为，都是做一样的工作，领导的偏好有那么重要吗？答案是——有！

如果他是个很强势的人，而你同样强势，很容易造成针尖对麦芒的局面，领导当然不会退缩，那退缩的就只能是打工人了；如果他是个相对温和的人，而你也同样没有冲劲儿，很容易造成得过且过的局面，最终浪费的是你的职业生涯。选对了领导，就能够相互补充、相

互促进，这也是对自己的职业生涯负责的态度。

【案例】

"兵仙"韩信是辅佐刘邦打败楚霸王项羽、建立大汉王朝的大功臣。然而，韩信最开始追随的人并不是刘邦，而是项羽。

韩信出身平民，没有拿得出手的家世，在秦末农民起义爆发之后，他看准了时机，决定闯出一番功绩来。最开始，他加入的是项梁（项羽的叔父）的部队，但他只是一个普通的士兵，根本没有办法施展自己的才华。后来，项羽成为这支部队的统帅，自封为"西楚霸王"，韩信多次上书，要领兵打仗。然而，项羽压根儿没把这个没家世、没背景的士兵放在眼里。

眼看着自己的愿望落了空，韩信想：这里不让自己当主将，那就去刘邦那里试试看，看刘邦能不能慧眼识英雄。刘邦起初并没有太在意这么一个前来投靠的人，但刘邦身边的萧何非常看重韩信的才能，推举他做主将并予以保证。

然而，萧何举荐之后，刘邦还是以等闲待之。韩信等来等去都没等到主将的任命，一气之下，他不辞而别。萧何得知后，忙骑上战马追了上去。韩信看到急忙赶来的萧何，心里还是很感动。萧何说，他非常了解刘邦，知道刘邦是个知人善用的人，让韩信再给自己一点儿时间。回去之后，萧何立刻找到刘邦，说一定要重用韩信，自己以性命担保。

刘邦虽然没见过韩信，但是他非常信任萧何，于是他问："要我怎么重用他呢？"萧何说："想要留下韩信，您就必须亲自登坛拜将，让他做主将。"刘邦想了想，就同意了。

正是因为刘邦的重用，韩信觉得自己备受重视，便开始针对汉军制订领兵方案，最终赢得了楚汉相争的胜利。

【职场哲学】

像韩信这样的英雄，遇到项羽那样的主帅，他没有任何成功的可能，但如果对象是知人善用、不计较出身的刘邦，他才有可能获得一个展示才能的平台。

作为职场人，我们可以从这个故事里找到职场哲学，那就是：先了解领导的脾气，再根据他的行为风格制订自己的职业规划。让我们的职业规划和领导的喜好进行高度重合，就可以达到事半功倍的效果。

② 每个领导都有自己的风格，改变不了就加入

领导的人际风格时刻影响着下属。有些领导比较传统，喜欢在办公室里搞前后辈、传帮带；有的领导比较年轻，更愿意接受新鲜事物，能够和员工打成一片；还有的领导公私分明，不会和下属走得太近，按时上下班，不会花费太多的时间搞人际关系。

同样，领导也会有自己的办事风格：有的领导风风火火，喜欢速战速决；有的领导喜欢三思而后行；有的领导放手让下属去做事；有的领导喜欢掌控全局，任何风吹草动都会让下属立刻汇报。

无论是人际关系还是做事，不能说哪一种风格更好，也没有哪一种风格不好，只能说是不是适合整个团队，以及作为打工人的你能不能融入。不可否认，很多事情我们都改变不了，那不如努力让自己去适应，融入其中。

【案例】

　　刘慧原本在一家传统公司做技术员，所谓的传统公司，顾名思义，从领导到员工，工作作风都比较老派，她在这家公司工作了三年时间，已经很习惯这里了。然而，因为市场变化，这家传统公司利润下滑，不得已的情况下公司优化产品线，员工工资也做了调整。

　　通过这件事情，刘慧突然感觉到了中年危机的提前到来，于是准备跳槽。因为她的学历高、经验丰富，很快就找到了新工作。虽然这家公司在业内属于新公司，但是这两年势头强盛。

　　入职之后，刘慧获得了前所未有的工作体验：首先，这家公司的管理架构非常简单，只有总经理—项目负责人—各种技术员，总经理主要负责出去洽谈业务，平时根本就不露面，只有项目负责人在公司负责管理；其次，这家公司加班情况很严重，以至于早上见不到其他同事，而且因为是弹性办公时间，所以没有加班费，这让刘慧很不适应；最后，所有员工都是年轻人，工作的时候态度非常活跃，嘻嘻哈哈的。

　　刘慧觉得这份工作并不适合自己。虽然公司的月薪和奖金都开得很高，但经常加班且工作繁多，短短一个月的时间，她就已经加班五天了，耽误她去接孩子。还有一点，大领导平时都不在公司，只有项目负责人在办公室里，很多事情都是他们说了算，这让她觉得很不稳妥，担心被领导边缘化。

　　于是，她萌生了退意。项目负责人收到她的离职报告后特意找她询问缘由。刘慧说完后，负责人笑着说："您可以再考虑一下，说实话，我们这个公司刚刚成立不久，连业务单子都需要经理出去谈，哪有那么多规矩呀。实行弹性工作，就是因为加班太多，第二天起不来。如果您需要外出接孩子，可以直接去，把孩子安顿好再回来加班。您是业内资深的老师，我们还是希望您能留下来的。"

刘慧听了主管的解释，决定留在公司再适应一下。又过了半年的时间，她已经完全适应这家公司的风格了：她每天早上先给孩子准备好早饭、做完家务，临近十点才上班，下午四点离开一个小时去学校接孩子、给孩子热饭，然后晚上回公司工作到八九点钟。因为同事都是年轻人，大家平日里也都没有那么拘谨，虽然大领导平时不露面，但每次项目成功后，都会委托项目负责人请大家吃饭。虽说陪伴孩子的时间变少了，但好在每到项目结束后，公司也能给员工放三天假，算是一种弥补吧。

【职场哲学】

职场生活不可能尽如人意，最简单有效的解决方法就是：打不过就加入。

公司里的领导是什么人，就会打造出什么工作风格的团队。像案例中的刘慧一样，她原本作为传统公司的业务员，习惯了大公司的管理框架，习惯了朝九晚五的作息，习惯了实时汇报，而进入创新型公司后感到不适应。

作为打工人，我们不可能要求公司做出改变，只能改变自己，让自己的生活和习惯适应新的公司。比如，如果领导是个比较沉稳的人，员工就不能太张扬；如果领导抓大放小，员工就不要总因为小事去请示汇报；如果领导作风谨慎，员工就不要擅自做主。只有努力往领导风格、团队风格靠近，工作才能更顺利、更顺心。

③ 学会和领导沟通的技巧

　　向领导汇报工作、和领导沟通问题，该如何进展得更顺利呢？有问题请领导批示，该如何让领导同意自己的主张呢？自己有特殊情况需要领导批准，又该如何沟通呢？

　　很多职场人觉得公事公办，有事就说不行吗？再说了，现在还有类似于钉钉的线上办公软件，有什么事情在上面提交申请即可，完全可以避免这些问题。

　　实际上，掌握好和领导沟通的技巧，有助于在领导面前留下深刻的印象，也更能让自己获得领导的青睐和器重，越是大公司越是如此。

　　【案例】

　　《红楼梦》里管理水平最高、说话水平最高的人，非王熙凤莫属。虽然她管理着荣国府，但实际上，她有好几个"上级领导"：第一个是贾母，尽管表面上贾母已经不过问府上的内务了，可如果贾府出了事情，贾母还是会给出指导性意见；第二个是王夫人，王夫人是王熙凤的姑姑，也是她能超越李纨管理荣国府的后盾；第三个是邢夫人，也是王熙凤的婆婆，平常这对婆媳关系比较紧张，所以王熙凤在办事时也格外小心。

　　在林黛玉初进荣国府的时候，王熙凤刚一登场，王夫人就问："这个月的月钱放完了吗？"王熙凤回道："放过了。刚才带着人在后楼上找缎子，并没有见到太太说的样子的，想是太太记错了？"

　　这是王熙凤向众人解释，林黛玉到了自己为什么不在，是在处理公事。然后她询问王夫人要的布料没找到，是不是记错了。尽管她是王夫人的亲侄女，但说话的时候措辞也是非常注意礼数的。

王夫人说："有没有的，不打紧，该随手拿出两件来，给你妹妹拿去裁衣裳。"王夫人这句话略带责备，意思是林黛玉来了，你难道没有准备新布料吗？

王熙凤赶紧说："我早就备下了，等着太太过目了就拿过来。"意思是说，领导，我已经提前做了，就等您批准了。

在这段对话中，王熙凤先是借着王夫人的询问，向大领导（贾母）表明自己没有及时赶到的原因，不是缺了礼数，而是在完成二领导（王夫人）交代的事项。紧跟着，又谦卑地询问二领导，您让我找的东西我找了，但没找到，您是不是记差了？二领导说记没记错不重要，重要的是这个东西要用于干什么。王熙凤接的是"我早就知道您这个意思了，提前预备好了"。

【职场哲学】

在职场上，和领导沟通，需要注意的几点是：

首先，态度要摆正。向领导汇报工作也好、沟通工作进度也好，都要注意措辞，开口前先问问"领导，我能耽误您几分钟的时间吗"，汇报完毕后说一句"谢谢，我明白了"，让领导觉得你很有教养。

其次，汇报事情有理有据，预判一下领导的意见。就像案例中王熙凤那样，已经预判到王夫人找布料是干什么，即便没有找到，也已经提前预备好了。

最后，不要过分主观。很多职场人在和领导沟通的时候，有太多主观色彩，如我觉得就应该这样做，但既然是来和领导沟通，就应该多听领导说。

此外，如果是因为私事想找领导请假，或是其他事情，最后要感谢一下领导的体谅。

4 领导不是是非不分，而是另有所图

很多职场人总是抱怨，领导拎不清：有的员工会溜须拍马，他就重用，自己勤勤恳恳，却得不到赏识；有的员工明明没错，却被领导鸡蛋里挑骨头，有的员工明明错了，领导却一笔带过，一点儿惩罚都没有。

你觉得领导是非不分。实际上，领导这么做往往有自己的目的：首先，能在一个好的团队是所有人都希望的，但这是可遇不可求的，大部分的团队是大人情套着小人情，大团队里有无数小集体，领导树立一个提起来就让所有成员都咬牙切齿的"小人"，其他同事就不会再去找领导的麻烦了；其次，领导要站在全局的角度思考问题，有可能某位同事是上级单位或兄弟单位空降过来的，对于他的所作所为，领导就睁一只眼闭一只眼；最后，领导并不是是非不分，而是在权衡利弊。

【案例】

王雪最近在公司里干得很不开心，原因很简单，她所在的部门领导"是非不分"：组里有一个平时特别喜欢"摸鱼"的员工，她已经向领导反映过很多次了，但是领导都不当回事。

这位擅长"摸鱼"的大姐究竟有多离谱呢？整个上午几乎都看不到她在公司，打卡之后，这位大姐就走了，美其名曰要去外面办事

情，但具体办什么，没人知道。中午回到工位上就开始玩手机，而且电话不断，吵得其他同事都没办法午休。下午，大姐也经常不在工位上，而是在整个公司来回溜达，今天去那个部门聊聊天，明天找这个人聊聊天。到了下午四点，大姐说自己要接送小孩，提前回家了。

王雪在这家公司工作很久了，和其他部门的一些同事也很熟悉，有很多人都找王雪打听，这位大姐是何方神圣啊，你们部门领导不管吗？王雪只能露出苦笑。其实，在一开始，她发现这位大姐的工作习惯之后，就曾多次向部门领导反映过，也拐弯抹角打探过这位大姐来公司是干什么的，具体负责什么，领导都没有给出准确回复。

就这样过了一段时间，王雪对这位大姐已经可以做到视而不见了。直到某一天，这位大姐突然不来了。王雪觉得奇怪，这是领导终于忍受不了，把她开除了吗？

又过了几个月，王雪所在的部门领导突然宣布，整个公司经过了上级单位的考核，和另外几家分公司整合，扩大规模。直到这时，王雪才知道，原来那位擅长"摸鱼"的大姐就是上级单位派下来考察的。她看似没有做任何工作，实则早上她是去总公司开会，中午接电话是在处理总公司交代下来的任务，下午四点提前离开也是要回总公司处理工作，只是不方便对他们说，所以才随便找了个借口。部门领导之所以不能提前透露，就是为了消除所有会影响考察结果的因素。

【职场哲学】

很多职场人总会犯一个低级错误，就是过分自信，认为自己的水平比领导还高。领导能够辛辛苦苦做到那个位置，一定有他的过人之处，或许是我们了解的信息不够，或许是我们知道的情况不多，所以才导致我们错误地认为：领导是非不分。

如果遇到这种状况，就要有以下几种方式应对：第一种，这种所谓的"是非不分"并不过分影响自己的工作，那就完全不用放在心上；第二种，如果影响了工作，那你可以先向领导反映，让领导来协调你们之间的矛盾；第三种，领导置之不理，那就看你是否能够忍受，如果还能忍受，可以事先和领导说明白这么做有什么隐患，我担心会出什么问题。

在职场上，没有非黑即白，我们都会遇到很多和我们想法背道而驰的事情，那就努力避免出现不良后果，做到自己能做的就够了。

⑤ 想要得到领导重用，先看看领导最器重谁

在一个团队里，领导会有自己的偏好，有喜欢溜须拍马的，有喜欢正直的，有喜欢能力出众的，也有喜欢踏实肯干的。

当你进入一个团队，并且想在这里做得更出色、得到领导赏识，就可以仔细观察一下领导的偏好是什么，然后努力拓展自己的这一面，也让领导对你更加器重。

【案例】

唐朝大诗人王维才华横溢，在考取功名的时候还一举夺魁。唐朝的科举制度和后来还是有很大区别的，除了考试本身之外，如果考生能够获得知名人士、高官的推荐，那考中的可能性就会增加。

王维也想走这条路，可是他不认识那些知名人士，怎么能获得推荐呢？他的好友岐山说，听说玉真公主特别喜欢诗歌，之前就有学子通过玉真公主的推荐当了官，不如你也效仿一下吧。王维一听，觉得可行。

这位玉真公主身份可不一般，她是唐玄宗的妹妹，最受唐玄宗宠爱。王维之所以选择突破玉真公主也就是考虑到了这一点。

于是，王维做了几首和感情相关的诗歌，又准备了一首玉真公主最喜欢的琵琶曲，就去拜见了公主。当时，王维在文化圈里已经很有名气了，玉真公主也曾听说过王维的名字。一见，果然如此。

到了展示环节，王维凭借着几首诗歌和一首琵琶曲赢得了玉真公主的赏识，推荐其参加科举考试并考中了状元。不仅如此，玉真公主因为自己备受唐玄宗宠爱，还特地为王维争取到了一个官职。

【职场哲学】

向领导靠近，绝不是靠溜须拍马、阿谀奉承，而是要真正了解领导的脾气秉性和做事风格，然后做领导最偏好的那一类员工。

领导的偏好是指他需要什么类型的员工、他想要打造什么样的团队、他想要创造出什么业绩。这些才是作为下属需要去了解的部分。当你弄明白这些后，就把自己打造成领导需要的员工，自然也就能得到领导的赏识。

第三节　老板怕什么类型的员工

1　锋芒过盛，似乎自己无所不能

有不少职场人都有锋芒过盛的毛病，领导在这个位置上摸爬滚打很多年，带过的新人很多，什么样的锋芒他没见过呢？

有些人仗着自己学历高，刚一入职就开始指点江山，觉得部门哪儿哪儿都落伍，跟不上时代；有些人觉得自己有能力，对部门里的前辈颐指气使，觉得他们拖了部门的后腿；有些人觉得自己有背景，根本不把领导放在眼里……

【案例】

蓝玉，是大明王朝开国功臣常遇春的妻弟，一直以来都是跟着常遇春开疆拓土。然而，常遇春死得早，朱元璋为了照顾自己老部下的亲属，就封蓝玉为"永昌侯"。

在此之后，蓝玉一直渴望建立军功，最好能够超过自己的姐夫常遇春。果然，他等到了这个机会。朱元璋下令，务必要除掉元朝的残余势力，于是便派冯胜和蓝玉出征。蓝玉心想，如果能消灭北元的残余势力，这份功劳可比姐夫常遇春的军功要显赫得多。

在这种信念的支撑下，蓝玉率领自己的部队进入了茫茫沙漠，前没有明确的敌军目标，后没有援军，可以说是孤注一掷。很快，蓝玉就发现了敌人的踪迹，趁着敌人还没有做好准备，便率领骑兵杀到敌人面前。此次战役，除了北元首领和太子太保逃了出去，其余军队均被蓝玉歼灭。

蓝玉觉得，自己取得了盖世功勋，日渐狂妄起来。就在班师回朝的途中，他已经不把别人放在眼里了。有一座城池的守门官兵多问了几句，蓝玉便很不耐烦地直接闯了进去。这在明朝来说，是将领的大忌，但看在蓝玉军功的份儿上，朱元璋没有过多计较。然而，朱元璋只是暂时不计较，不是永远不计较。

还有一次，朱元璋封蓝玉为太子太傅，让他辅佐太子，但没想到蓝玉口出狂言："难道我不能当太师吗？"这句话之后，朱元璋决定不再给蓝玉机会。

蓝玉最终的下场很惨，被朱元璋以"谋反罪"彻底清算，并成为明朝初年的四大案之一，史称"蓝玉案"。

【职场哲学】

锋芒过盛，是员工的大忌。你可以有锋芒、可以有棱角，但不能太张扬。没有人会喜欢和爱张扬的人共事，更何况领导呢？

有人会问，那我有能力还不表现出来吗？有能力和锋芒盛是两个概念，有能力的人也可以谦逊低调，那反而会成为你的武器，而不是非要表现出"我很牛""团队没有我就不行"。

年轻人要知道，人外有人，天外有天，如果不收敛自己的锋芒，早晚有一天会被现实教育。

② 嘴巴不严，天天散播各种八卦

办公室里，难免会有八卦新闻乱飞的现象，毕竟公司里有很多人，今天谁迟到了，明天谁家孩子生病了，后天谁夫妻感情破裂了，有很多人特别热衷于打听小道消息。

然而，每个人都喜欢听八卦，但绝对不愿意成为八卦中的那个人。在公司里传八卦，很容易给别人留下不可靠、不可信的坏印象。

【案例】

很多人在见完客户的时候，特别喜欢在办公室里议论客户的种种，从客户的言谈举止到妆容服饰，似乎这也成了办公室聊天内容里必不可少的一项。但这种行为并不正确，甚至有可能会成为职场里的"雷点"。

有一次，小周外出见客户，客户新增了很多要求，彻底打乱了小周原本的计划。这让小周心里很不爽，回到办公室后，就和其他同事说起这个客户的新要求，言语间不知不觉就比较不尊重人。

其他同事刚开始是在附和，后来看小周越说越激动，也开始说自己遇到其他客户时发生的事情。让小周没想到的是，那位客户竟然来公司找他。原本客户觉得，自己提了很多新的要求，小周都能应对自如，即便打乱了计划，也比较尽心尽责地修改方案，是比较可靠的合作对象，就想直接到公司签下意向书，却听到小周在办公室里和其他同事随意评价各个客户。一气之下，也不再合作了，并且和公司领导直言，你们公司员工的素质有待提高。

【职场哲学】

随便说八卦、说人坏话，在职场里都是大忌，并不仅仅是领导的忌讳，也是同事的忌讳。

如果你说的八卦是娱乐新闻，那些不过是生活中的一点儿乐趣，无伤大雅。但如果八卦的对象是同事、是领导、是客户，这种八卦属于极度缺乏道德素养。

你以为你和谁说了这些八卦，对方会觉得"你真信任我"，实际上对方的心理是"这你都敢说，谁知道真的假的""今天你说他，是不是明天就得说我啊"，又何必呢？

还有一种八卦是某些公司内部决定。有些小道消息，还没有得到公司的证实，比如×××要升职了、公司要裁员了，等等。这种八卦是领导的禁区，公司决策在没有公布之前都属于公司机密，提前说出去很有可能会让员工产生恐慌情绪，也有可能会对人事任命产生影响。碰到管理严格的公司，甚至还会严查。一经查实肯定严肃处理。这对于职场人来说有百害而无一利，又何必传播呢？

③ 事不关己，没有归属感的员工谁都不敢用

王熙凤在评价薛宝钗的时候说了这样一句"事不关己不开口，一问摇头三不知"，很多红学家在研究《红楼梦》时，都会认为，王熙凤对薛宝钗的态度很疏离，从这句评价也能看出端倪来。

很多职场人都认为，对待公司难道就不应该是"事不关己高高挂

起"的态度吗？但这么做要有个度，不能让领导觉得你对公司没有归属感。

【案例】

叶子是个特别喜欢强调"边界感"的人，她认为：公司交代我的事情我做完了，我就是一名合格的打工人了。至于整个部门的合作，或是其他同事的工作，最好不要麻烦我。有很多同事都觉得，整个团队里，叶子是最边缘的，一点儿都看不出她也是这个团队的一员。有时候，领导也觉得比较头疼，有时候和叶子强调团队凝聚力，叶子总会反驳说，自己是来工作的，不是来和团队同事搞关系的。叶子的朋友也曾经劝过她，不要总是这种工作态度，让人看了觉得她很不懂得人情世故。但叶子还是坚持己见。

2020 年，公司提倡线上办公。然而，由于叶子这个团队的工作性质，单纯的线上办公无法满足工作需求，需要有人在库房值班，并且需要整个团队进行协调。于是，领导在微信群里询问大家的意见。

叶子觉得，这是整个团队的事情，自己作为员工，尤其是这种特殊时刻，领导最好别点到自己的名字，如果被领导点名了，就说自己不方便。但让她没想到的是，微信群里的同事纷纷发言：

A 说："现在冒险去公司值班，我觉得还是靠大家的自觉吧。我家里有车，离公司也比较近，我报名，但是我不太会，你们可得手把手教我呀。"

B 说："库房里能住人吗？反正我是北漂，在哪儿待着都行，如果库房能住人，我可以去那里住段时间，免得通勤的时候形成防疫漏洞。"

C 说："那库房可冷了，别冻感冒了。我觉得还是轮着来比较合适。我家里也有车，也能报名值班。"

……

看着同事们都很踊跃地报名，领导也很欣慰地说："库房里条件有限，不适合住人，还是轮流来比较合适。能报名的人都私聊我，然后我定个值班表。放心，所有值班的人，我都会发放值班补助，费用不多，就是个心意，感谢大家在危难时刻能为公司挺身而出。"

而一直强调"边界感"的叶子也第一次切身感受到了团队凝聚力，在之后的团队合作中一直在线上不遗余力地给值班员工打下手，甚至是远程办公协助对方完成工作。最后，领导也肯定了叶子的技术保障做得好。

【职场哲学】

任何一个团队都需要凝聚力，员工如果对所在团队、任职公司有归属感，就会站在团队和公司的角度去思考问题和处理问题。这也是每家公司都强调"归属感"的根本原因。

如果一个员工遇到事情总是表现出"事不关己"的态度，就像叶子初期的表现那样，那么领导在分配任务时，很多核心项目、重点项目，都不会考虑这一类员工。作为职员来说，根本目的是升职加薪，但领导不给机会，就很容易错失机遇。

④ 自作主张，出了事情还得领导背锅

作为项目负责人，要对项目的成功和失败、利润的高低、进度的快慢负责，作为部门领导，需要为整个部门的布局、利润、人事任命等事情负责，这些都是实打实的责任。他们就像是部队里的将领，基层员工就像是士兵，将领负责制定谋略、排兵布阵，为整场战争负

责，士兵就要按照将领的指示。如果士兵不听从将领的指示，则很容易出现纰漏。

尤其是经验不足的年轻职场人，受到自身能力、经验、格局的限制，如果能够踏踏实实地完成领导交代的任务，一定能够从实践中积累经验。怕就怕年轻人临场发挥，自作主张，破坏了团队部署，最后出了问题，还需要领导出面善后。

【案例】

李涛刚刚大学毕业，进入一家小公司工作。父母总是叮嘱他，要好好干，领导让干什么就干什么，现在是打基础的时候，千万别心高气傲。李涛嘴上说着"知道了"，但实际上，他根本就没听进去。

有一次，领导交代他在下午三点的时候亲自把标书送到××公司，一定要亲自去送，亲手交给×总。李涛想，从公司到那边至少需要一个半小时，现在外面的气温接近40℃，他可不想出门，再说了，现在速递这么发达，他自己掏钱叫个上门送件直接送过去不就行了吗？估计领导年纪大了，都不知道还有这种服务。这么一想，李涛就点开了App，填好双方的地址，并且表明三点准时送达。他以为，这样就万无一失了，然后就开始工作了。

到了下午两点，领导看到李涛竟然还在办公室里，就问他怎么还不去，李涛理直气壮地说已经安排了速递，还向领导科普什么是同城速递。领导听完，二话没说，叫上李涛就往停车场走。他边走边说："你知道取件的那个快递员是谁吧？一会儿到了那边你拦一下，别直接送给×总。"

李涛很不理解，问为什么。领导原本还在强压火气，看到李涛这么不开窍，道："我还能不知道有同城速递的服务吗？我让你亲自去，是因为对方需要给我们一份回执，速递人员会帮你把回执拿回来吗？再说了，我让你去送标书，是因为这份标书是你做的，×总如果多和你说几句，没准儿还能看到咱们公司的用心，你倒好，直接安排个速递上门，你让我说你什么好哇！"

李涛这才知道原来领导是这个意思，他小声嘟囔着："领导，您也没直说，我哪儿知道哇……"

"我已经交代过你亲自送，你自己偷懒，这还能是我的问题呀！"领导一边开车一边说，"现在还得我亲自送你，我下午的工作怎么办？谁去处理？"

李涛连忙住了口，端正了态度说："对不起，领导，我没有认识到这个安排背后的深意，您放心，我下次不会了。"

【职场哲学】

由此可见，领导不喜欢自作主张、冲动行事的下属，并不是个人喜好的问题，而是会不会给他制造麻烦的问题。

年轻的职场人应该怎么做呢？首先，如果你不能充分确定领导的意图，可以多问、多请示，在得到领导确认后再去行动；其次，在执行的过程中，也可以多请教领导的意见；最后，如果项目出现问题，不要自作主张，也不用害怕承担责任就想欲盖弥彰，而是要想好解决办法后去请示领导，得到领导肯定后再去执行。

⑤ 当众说人，领导的脸面往哪儿放

现在网络上有很多类似"整顿职场"的短视频，很多人看完后直呼过瘾。但如果真的有年轻人这么做了，在自己的领导面前这样怼，那一定会给自己的职业生涯带来非常不好的影响。

任何一个人都不喜欢被别人否定和批评。如果是被领导批评，大部分人会想，算了，都是为了赚钱；如果是被同事批评，心里肯定就已经很不爽了；那如果是被下属当众怼呢？

有的年轻人会说，我就是心直口快，没有坏心思。但在职场上，没有人会在意你是不是心直口快，只会在意你"说"了领导。换言之，没有人在乎你心里想什么，只在乎你做了什么、说了什么。

【案例】

王丽丽是一个自诩"心直口快"的爽朗女孩儿，平时在公司里也特别喜欢高谈阔论，对公司的决策随便发表自己的看法。有些前辈提醒她，这样做不好，她一点儿也不往心里去，反而强调自己是为了公司好、为了团队好。

有一次即将过春节，行政部门制定了放假规定、请年假审批流程等事项。王丽丽一看，内容是：员工可以在钉钉上提交年假申请的审批表，就能连着春节假期一起放假，每个人最多可多申请五天，但务必保证法定节假日之外的工作日公司里有人值班。

很多员工都开始做着自己的春节安排、提交审批表，又或者和家人商量。王丽丽非常大声地说："怎么这么麻烦哪，直接放了不就行了吗？还得填表申请，还不能和别人冲突，真是没事找事。"

在公司工作多年的领导解释道："咱们公司每年都是这样，休年假是看个人意愿，有的人愿意凑在春节休假，有的人不愿意。"

王丽丽反驳道："还有人不愿意春节假期长一点儿啊？我恨不得能放到元宵节呢……"

此时，领导的脸色已经很不好看了，但还是耐着性子说："每个人的情况不一样，需要回老家的肯定希望假期多一些，但家在本地的，可以在平时休年假出去玩。再说了，有同事身体不好，需要去医院看病开药，都得用年假。你不能一概而论。"

王丽丽说："我这也是为了大家好，还是要求休年假的人多，那谁不休年假谁提交申请表不就好了！"

领导沉声道："如果你嫌麻烦，可以不提交申请表，也可以不休年假。有钉钉审批，是你已经休过年假的存根，免得有人找麻烦！如果你还有什么意见，可以去和总经理说，不用在办公室里和我说。"

【职场哲学】

很多人把"心直口快"当成个性，但实际上，当众抬杠本身就是一种没有礼貌的行为。如果觉得自己所言在理，又或者真的是在为大多数人谋福利，完全可以换一种温和的方式，换一种大家都能接受的方式。

而且，领导作为在公司深耕多年的人，一定有自己的人际圈子，你不知道公司里哪几个人是他的心腹，一味的"心直口快"很有可能会使你成为"枪打出头鸟"的倒霉蛋。

⑥ 说走就走，你的任性由领导买单

很多对自己前途有规划的年轻人，会在合适的时间跳槽到更好的平台，这是无可厚非的。但在离职前，必须做好工作交接。情商高的人还会借机请大家吃顿散伙饭，把该笼络的人好好笼络一番。

然而，有些人却总想着能"个性"一把，比如，当天辞职，第二天就不来了，更有甚者，不来之后才向领导申请辞职，这都是不负责任的。有人说，《劳动法》规定了，员工向领导提交辞职申请之后，就算是尽到了告知义务。但实际上，这么做的隐患实在太多了，不仅可能给公司造成损失，还有可能损害职场声誉。

【案例】

有一年，网络上掀起了一股"走出去看看"的浪潮，很多年轻人都信以为真，觉得这才是青春该有的样子。

小梁看到后，那颗蠢蠢欲动的心也活泛起来。他一直想来一场西藏自驾游，今年他刚买了新车，但苦于假期太少无法出游。看到网上有人这么洒脱，他就想，别人能这么做，我也能。于是，他直接向领导提出了辞职，当天就跑去户外装备店买了一堆自驾游的装备。第二天，就美滋滋地踏上了西藏自驾游的高速路。

他以为这么做就没有问题了，然而第二天下午，公司领导的电话就追了过来，上来就问："你在哪里，怎么不来公司？"小梁说："我已经离职了呀，给您提交了辞职申请的。您没有权力拒绝我。"领导说："你辞职我已经批准了，但你需要回来交接工作呀！"小梁说："我的电脑和其他办公用品都在办公室，您直接打开我的电脑就行。"领导说："我问的是电脑吗？我问的是你负责的项目后续谁来做了？你怎么能这么不负责任？你负责的是公司季度重点项目，现在刚做一半，后面怎么办？"小梁说："我现在已经在高速上了，不方便回去，这样吧，晚上我到了旅店可以给您打个电话粗略说一下。"

小梁以为，电话沟通一下就算是交接工作了，他不是那个项目的负责人，整个项目还有其他人一起执行，多他一个不多，少他一个不少。但让他没想到的是，过了没几天，领导跟他说，这个项目失败了，就是因为他临时离职且没有完成工作交接，导致很多文件丢失，让其他同事重新做耽误了进度，甲方很是不满，直接终止了项目。公司大领导很生气，觉得正是小梁不负责任的行为对公司造成了损失，所以要去法院对小梁的行为进行起诉。

【职场哲学】

对于离职，很多人的想法太过简单，觉得只要自己和领导说一声，就算是离职成功了，就可以和这家公司毫无关联了。但是，这么做的隐患非常多，而且很有可能会造成非常严重的后果，甚至承担法律责任。

首先，如果没有经过正式的交接，公司很有可能不给离职员工开具离职证明，会影响后续找工作的进度，尤其是很多大型企业在招聘时都会要求求职者提供离职证明。

其次，上一份工作的收尾如果做得有纰漏，很有可能会给自己惹来麻烦。比如，你说办公电脑是完好无损的，但公司没有经过验收，现在使用电脑却有故障，里面的文件损失了，这就很难说清楚。

最后，任何一个职业的圈子都会关注职场人的声誉，任性离职很有可能会在圈子里传开，今后还有谁敢聘用你呢？

第三章

办公室里的弯弯绕

第一节　办公室里，都是"人情世故"

① 同事，只是共同做事的人

中国人在起名字、称谓的时候是非常讲究的，比如"同志"，就是志同道合的人在一起，那"同事"呢？其实就是凑在一起共同做一件事情。很多人以为，同事是非常亲密的关系，但实际上，他不过是和你共处的时间比较长的人罢了。

每个月有二十多天的工作日，每个工作日有八九个小时，这么长时间都挤在一个办公室里，肯定会有交集，但每个人心里都应该有个概念：同事，不是朋友，更不是亲人，你们之间只有工作的交集，而没有私人的交情。

【案例】

刘萱是个很重感情的小姑娘，每天在办公室里，她特别乐意和其他同事分享美食、分享趣事，整个办公室里就没有谁不喜欢她的，都说公司有了她，大家每天都过得特别开心。她也很喜欢同事们的评价。

刘萱觉得，整个办公室里，她和赵姐的关系最好，平时一起下班，如果下班的时间晚了，两个人还在一起吃饭逛街。甚至有时候，她觉得，赵姐不是她的同事，而是她的大姐姐。平时和家人打电话时，她也是赵姐长、赵姐短地说个不停，说赵姐特别照顾她，看她一个小姑娘在北京打拼不容易，总是帮助她。父母也觉得很欣慰，让她平时不要小气，给赵姐买点儿东西。

有一天，刘萱在工作的时候出了一点儿小错，但她不想让别人知道，就私自补救回来。她以为，整件事情做得天衣无缝。但没想到第二天领导就知道了，还找到她提醒了一番，告诉她年轻人犯了错不要紧，但要勇于承认，这种小伎俩是长久不了的。

刘萱觉得事情很蹊跷，自己操作的时候没人知道，那是谁告诉领导了呢？后来她听说，是赵姐无意中看到了，觉得刘萱这样做不妥，就向领导做了汇报，希望由领导出面让刘萱改正。刘萱听完，觉得特别委屈，当天晚上下班就跑去质问赵姐为什么要这么做，自己哪里对不起她了。没想到，赵姐冷静地看着她说："我之所以选择汇报领导，就是因为知道你会是这个反应，如果我告诉你，你会往心里去吗？还不是好姐姐、好姐姐地央求我？但是刘萱，我们是同事，如果你的工作出现纰漏，你没改好，那我们整个小组的心血都白费了，你懂吗？我是为了工作负责。"

自此之后，刘萱和赵姐之间的关系就出现了裂痕，她单方面宣布和赵姐冷战。但是赵姐并没有受到任何影响，和其他同事该干什么干什么。直到几年之后，刘萱才明白，同事之间本来就是以工作为主，当初她那么歇斯底里地认为赵姐对不起自己，还是自己太幼稚了。

【职场哲学】

很多年轻人进入某个领域，就特别容易全身心地投入进去，即便是对待同事，也恨不得掏心掏肺。不可否认，同事之间因为相处时间很长，很容易造成"我们感情特别好"的错觉，又或者是被一些小的帮助迷惑。但这些并不代表你们之间的感情有多好，也不代表你们之间的关系有多牢靠。

案例中的刘萱就是如此，她以为她和赵姐关系非常亲密，自己犯了错，如果是别人去向领导做汇报，她肯定会反思自己的错误，但知道向领导汇报的人是赵姐，她就觉得自己被伤害了、被背叛了。这就是情感投入太多，导致她失去理智。试想一下，谁去向领导汇报重要吗？重要的是她的行为的确是错误的，需要在今后的工作中改正过来。

如果过分投入感情，就容易造成情感盲区，无法再用理智思维看待问题。如果再因为失去理智而做出更错误的举动，造成工作上无法弥补的过失，那对自己的职业生涯就会产生非常不好的影响。

② 不要总和同事聊家长里短

很多人都知道，在办公室里要谨言慎行，但很多人就是做不到。每天在办公室里待八九个小时，没有人能这么长时间不说话，那该怎么说、说什么，就是一件非常考验人的事情。

有些人说，聊聊天儿而已，说说家里的事儿，比如孩子上学怎么怎么样了、公婆身体怎么怎么样了，这有什么不能说的吗？可以说，但要适可而止。

【案例】

小雨刚刚休完产假，重返职场，正沉浸在初做母亲的喜悦中。她把电脑壁纸换成了孩子的头像，在办公桌上放上孩子的照片，每天上班都会和其他同事聊自己孩子的情况。

"我家宝宝昨天都能翻身了，真棒！"

"我家宝宝昨天能往前爬了，爬了好远呢！"

"最近天气变冷了，也不知道宝宝能不能健健康康地过冬，我看新闻里说很多小孩都感染了支原体，吓死人了。"

"你感冒了，离我远一点儿，别到时候传染给我的宝宝。"

刚开始，同事们都觉得小雨刚刚做了妈妈，沉浸在喜悦中很正常，所以听到小雨说自己家宝宝如何如何的时候，都非常捧场。但时间长了，难免有些不耐烦，小雨再说起宝宝的情况时，大家都很有默契地闭上嘴巴。

直到冬天，公司有位同事感冒了，在和小雨交接工作时，她突然反应过度地大喊："你离我远点儿，别把病毒传染给我家宝宝！"同事被吓了一跳，还以为小孩儿就在办公室里，四下张望也没看到小孩儿的身影，于是说道："你家宝宝也没在这儿啊。"小雨说："我是说你别把感冒病毒传染到我身上，否则我回家之后不就会传染给我的宝宝了吗？"听到小雨这么说，其他同事终于受不了了，反驳道："如果你这么想念你的宝宝，干脆回家去陪他吧，也省得我们天天在这里听你说宝宝长宝宝短的。我连你家孩子都没见过，可你家孩子从出生到现在，什么时候会翻身，什么时候能爬行我们都知道得一清二楚。我们并不想知道这些事，求你放过我们吧。"

虽然这只是一个办公室的小插曲，小雨心里却很不服气，觉得同事都太没有爱心了，一点儿都不愿意与自己分享做母亲的喜悦。久而久之，整个办公室里的同事都不自觉地疏远她了。

【职场哲学】

每家公司都有自己的工作氛围，如果是年轻人比较多的新兴产业，可能办公室里的气氛更轻松、活跃一些；如果是中年人比较多的传统行业，办公室里的气氛可能会严肃、安静一些，偶尔交谈一下也大都以工作为主。

但无论是哪一种氛围，都很少有人总说家里的事情。一来，并不是所有人都对家长里短感兴趣，可能会让听的人感到为难；二来，在办公室里说家长里短会引起不必要的误会和麻烦；三来，工作的时候需要安静的环境，如果周围有人一直在聊与工作无关的话题，会干扰他人工作。

既然不能聊家长里短，那么在休息闲聊时间可以和同事们聊什么呢？其时，明星八卦、社会新闻、业内前景等，都是不错的闲聊话题。这些聊天内容既能引起同事们的兴趣，也无伤大雅，还能活跃工作氛围。

③ 不邀功，不卖惨，踏踏实实做自己

很多职场人在办公室里总是会情不自禁地表达自己的功绩、辛劳，似乎天天这么说，自己的所作所为就会被其他同事记在心里。然而，我们换位思考一下。比如，整个团队加班加点终于做成了一个大

的项目，大家都累惨了，其中有一个人不停地说："真是累死了，我这一次居然连续加班了三天，要是没有我这么辛苦，真不知道这个项目能不能做成……"你会怎么想呢？

在一家公司里，一个项目组的人同心协力、朝着一个目标努力，最终取得了良好的项目成果，如果这时候突然冒出一个人想邀功，其他人一定会把矛头对准这个"出头鸟"。

同理，有些年轻人依靠向老员工示弱来寻求帮助，这种方式偶尔使用还能博得同情、获得帮助，但如果长期使用就会让其他同事产生怨言。

【案例】

苏姐在一家公司任职多年，却始终没有升职，仍然停留在基层。究其原因，是她每次在员工评选中所获票数都特别少。苏姐特别不能理解，自己在这家公司兢兢业业干了很多年，那些员工怎么总是和自己过不去呢？

在公司里，苏姐最常说的话就是："当年公司刚成立没多久，一单生意都没有，要不是我陪着领导在外面跑，估计咱们公司早就黄了。"很多人刚来的时候都被她这句话唬住了，但时间长了就知道她口中所谓的功劳，其实就是刚进公司时有几次拜访客户，领导担心可能会有酒局，就拉着她当司机。

如果她所在的部门完成了一个大单子，苏姐就会到处宣扬，生怕哪个部门不知道："这个项目要没有我这个老员工当定海神针，肯定不会这么顺利。"有人打趣她说："苏姐，既然您这么厉害，怎么没当上部门经理啊？"苏姐就会说："那是我不稀罕。"

除了像苏姐这样仗着资历老胡乱邀功的人之外，还有一种喜欢卖惨获利的人也不受大家欢迎。

小九是刚刚入职的新人，特别会来事，说话嘴也甜，因为年纪小，整个办公室里的同事她都叫哥哥、姐姐。刚开始，同事们还都很喜欢这个小姑娘，但时间长了，所有人都不约而同地远离了她。

每次领导交代小九去做什么事情的时候，她就拿着文件材料随机找一个同事，露出一副可怜兮兮的模样，说："×哥，领导让我做一份报表，可是我不会，您能不能帮我做一下呀，我在旁边看着您做，也好学一下。"有些同事抹不开面子，想着小女孩儿刚来公司，肯定还什么都不习惯，教一下也无妨。然而，次数多了，所有同事都反应过来，也就慢慢疏远小九了。

【职场哲学】

邀功也好，卖惨也罢，都是在无形中侵占了同事的利益。邀功的本质是把不属于自己的功劳安在自己头上，或者是夸大自己的功劳并希望以此获得利益；卖惨的本质是推脱属于自己的责任，把自己的工作转嫁到其他同事身上。

然而，在职场里摸爬滚打了几年的打工人，对这些套路也都是一清二楚，借用一句台词："都是千年的狐狸，你玩儿什么聊斋呀！"

④ 拒绝不合理的请求

在工作场合会遇到一些看似不懂事的同事，提出不合理的请求，如请你帮他做一些事情、借钱、介绍人脉关系，等等。很多人会觉得有些为难，但为了维护人际关系，有时候会勉强同意。但你答应了一次，就会有第二次、第三次。

答应对方，自己心里憋屈。尤其是很多人在提出请求之后，功劳是他的，责任是自己的，如果事情没办好，他还要怪你。如果不答应吧，都是天天见面的同事，会担心今后不好处理关系，会担心他到处说你坏话，你该怎么做呢？

【案例】

"让他帮我一个小忙都不肯，还说自己正在忙，我也没看出来呀。"

"不就是让他帮我引荐一下 × 总嘛，这么点儿小事儿都说不方便，我看人家 × 总根本就和他不熟，要不怎么就是不肯呢。"

"你看看，我让他帮我做一份报表，他连这点儿小事儿都做不好，这下我被领导批评了吧，就是在故意害我。"

······

这些话你听着耳熟吗？有没有被这种话背刺过？

莎莎以前是公司里的老好人，有些同事就总是向她提出各种请求。刚开始，她抹不开面子，也就照做了。渐渐地，她被这些请求搞得烦不胜烦，于是就在心里下定决心，以后谁来都不同意。但她发现，原先那些说着"莎莎你真好"的同事，都开始在背后传她的坏话。

莎莎觉得很难过，回到家后，她实在没忍住，就把这些烦恼和父母说了。父母没有让她"忍一时风平浪静"，反而告诉她，可以去找领导聊一下，如果整个公司的氛围都是这样，那这样的公司没有任何前途，还是早点儿找新工作吧。

第二天，莎莎按照父母所说，找到领导很深入地聊了一下，也向领导反映了之前的一些问题。领导还是很拎得清的，他先给莎莎放了几天假，然后召开了部门会议，整顿了办公室风气。莎莎回来后，同事们也都再也不提这些事情了。虽然他们的关系不会再像过去那么亲密，但也不会再有各种莫名其妙的事情找上莎莎了。

【职场哲学】

要敢于对任何不合理的请求说"不"，这是每一个职场人的权利，即便对方是你的领导，也可以不卑不亢地拒绝。很多人担心，拒绝之后该怎么办呢？

首先，你要明确告知对方，这个请求很不合理，为什么不合理，不给对方揣着明白装糊涂的余地；其次，表明你这么做会很困难，请对方理解你的难处。

如果对方能够理解，并且知道自己越界了，自然也不会影响后续的人际关系；如果对方不能理解，反而责怪你，和这种人的人际关系好与坏，完全不需要放在心上。

⑤ 别推卸责任，遇到问题就解决问题

只要是工作，就会遇到各种问题，想要完成一个项目，就和玩闯关游戏是一个道理。出现问题不要怕，也不要慌，解决了就好。

这是很多职场人都应该懂得的道理，但到了实际操作上就很容易看出品行。在办公室里，我们经常能听到类似的说法："我就是按照您的交代去做的啊，怎么还出错了呢？"又或者是："这个问题不是我造成的，我也不知道哇。"

如果你想在领导那里留下好印象，这种推卸责任的话别说，这种推卸责任的事情别做。

【案例】

东汉时有一个官员名叫钟离意，深受汉明帝的器重。有一年，东汉出兵打仗获得胜利，外邦投降。汉明帝非常高兴，觉得外邦投降了，自己不能不有所表示，便派钟离意赏赐外邦一定数量的丝绸。

钟离意领旨，便将皇帝的旨意告诉给郎官。然而，郎官忙里出错，在数量上多给了外邦。直到最后清点数量的时候才发现。郎官没有回禀钟离意，而是想偷偷隐瞒下来。但纸包不住火，此事最终还是被汉明帝知道了。

汉明帝非常恼怒，觉得是这个郎官办事不力，就要对他动刑。钟离意听说后，连忙进宫面见皇帝。刚走进大殿，钟离意就跪倒在地，叩头谢罪："陛下，人非圣贤，孰能无过，郎官一时弄错了数量，请陛下开恩。而且，此事是您交代给我的，如果陛下一定要降罪，那就罚我吧。"

汉明帝看到钟离意勇于承担责任，心里的气也就消了大半。再加上钟离意确实是个不可多得的大臣，便不再追究了。那位郎官看到钟大人为了保全自己，竟然替自己揽过罪责，也愧疚不已，后来没有再犯过同样的错误。

【职场哲学】

在工作中出现问题之后，案例中的钟离意和郎官就采取了两种不同的处理方式：郎官希望能糊弄过去，想要逃避，但事不遂人愿；钟离意则就事论事，在关键时刻能够站出来承担责任，即便是面对皇帝的怒火，也没有想过推卸责任。

在职场里，你是想和钟离意做同事，还是想和郎官做同事呢？答案不言而喻。我们都想和钟离意做同事，但真的出了问题的时候，都在下意识里想要选择逃避，想要去做郎官。这其实是一种非常正常的心理现象，但作为一名成熟的职场人，就应该有意识地克服人性的弱点，让理性主导自己的行为。

⑥ 谁都会出错，别轻易抱怨和吐槽

任何人都不是一台精准的机器，一定会犯这样或那样的错误，今天可能是你犯错，明天可能是他犯错，这些都在所难免。办公室里总有这样一种人：当别人有了错误牵连了自己的时候，就牢骚满腹，一会儿说耽误自己下班，一会儿又说耽误自己工作，甚至还有人说耽误自己的年度任务。

这些都是非常不可取的行为。大家都在办公室里工作，谁说了什么，很快就会被传到当事人的耳朵里，有时候还被添油加醋传了过去，很容易得罪别人。如果你再遇到什么问题，别人还会帮助你吗？

【案例】

小春是个特别爱说话的人，常常是口无遮拦，该说的不该说的，她都藏不住。

有一次，办公室里的张姐在打印东西，因为需要打印的东西比较多，忙中出错，把文件的顺序和份数搞错了。下午开会的时候，张姐给参会的员工发放了文件，结果大家一看，有的人文件里少了几页，有的人文件里多了几页。这原本是一件小事，大家相互调换一下就行了。但小春当着领导的面就说："都赖张姐，她年纪大了，打印文件都能搞错……"碍于领导在场，张姐并没有多说什么，这件事情也就过去了。

还有一次，项目组的成员都在赶进度的时候，一个同事因为记错了数字，导致所有文件都需要重新检查一遍。大家原本以为已经全都做完了，但因为他的失误又需要加班检查。这位同事很是愧疚，在办公室里就向大家道歉，说是因为自己的问题耽误了所有人下班。其他同事都大度地表示"没什么""下次注意点儿就行"，只有小春说："光口头道歉管什么用，拿出点儿实际行动来呀。"被这么一呛声，那位同事赶紧自掏腰包，点了很多份外卖。事后，小春还得意扬扬地对别人说："要是没有我仗义执言，你们怎么可能吃到那顿饭呢？"

类似的事情还发生过很多，后来，小春成为整个办公室里最不受欢迎的人。直到有一次，小春的工作出现了一个纰漏，原本也是一件小事，及时改正就可以了。但因为小春之前口无遮拦得罪了很多同事，在她需要别人帮助的时候，其他同事都选择往后退，不愿意上前。对此，小春还觉得自己很委屈。

【职场哲学】

在办公室里，大家都是相互的：如果氛围好，就是今天你帮帮我，明天我帮帮你；如果氛围不好，就变成了今天你看我不顺眼，明天我看你不顺眼。员工之间的关系如果处理不好，不仅办公室里的氛围会变得非常冰冷，就连原本应该相互合作的工作都会被影响。毕竟，谁都不愿意和自己讨厌的人共事。

怎么才能杜绝这种情况呢？不随便抱怨同事的失误，给对方留点儿面子；不随便吐槽同事的不足，避免别人记恨在心。只有我们友善待人，才有可能换来别人的友善。当然，如果对方属于油盐不进的那类人，那也没必要针锋相对，避开就可以了。

第二节　职场中的行事之道

① 别随便介入别人的事情

在办公室里，我们常常遇到这样的情况，A 和 B 是协作伙伴，但他们的项目出了些问题，两个人都不停地向周围的人抱怨对方，并且让别人来评评理，到底谁对谁错。有些比较单纯的职场人常常头脑一热，就跳出来准备"为正义发声"。请等一等，收起你那爆棚的"正义感"，在职场里，请不要随便介入别人的事情，以免给自己惹来麻烦。

如果 A 和 B 之间是因为工作上的事情发生了矛盾，需要给他们做出判断的人是领导，而不是你，你不知道前因后果，不知道具体事情，如何做出所谓"公平"的判断呢?

如果 A 和 B 之间是因为私人关系发生了矛盾，和工作本来就没有关系，作为同事的你完全可以不做评判，和这两个人该怎么相处就怎么相处。

【案例】

小枣在办公室里是个很热心的人，和几个同龄的女孩子关系都不错，别人和她说什么，她都能设身处地地带入自己，热心地帮她们想想办法。原本这些都挺好的，但一件事情引发了她的思考。

小萍是和她差不多时间进入公司的，就坐在她旁边的工位上。这一次，小萍被分配到某个项目组，她不是很愿意去，因为这个项目组的负责人王姐在整个公司里以"要求高、嘴巴毒"著称。已经离职的同事给她取了个外号叫"阎王"，就可想而知她的工作风格了。但是没有办法，小萍没有拒绝的权利。

小枣看到小萍这么痛苦，还经常安慰她，说跟着"阎王"能多学点儿东西，也算是增长点儿工作经验吧。没想到，有一天，小萍居然趴在桌子上哭得很伤心。小枣连忙问她发生了什么，小萍哽咽着说出了经过："阎王"让她做一份报表，要求在昨天下班前把报表交上去，但某个同事给她数据给得很晚，她是今天早上才交上去的，所以一大早就被王姐骂了，自己这才觉得委屈的。小枣就问她有没有向王姐解释原因，小萍更委屈了，说解释过了，但王姐就是认准了是她的问题。

就在这时，王姐正好走进办公室，问小萍其他工作。小萍眼泪还没来得及擦，一时间说不出话来。王姐就皱着眉说："怎么，觉得我批评你批评错了？还委屈上了？"小枣觉得王姐太咄咄逼人了，就站出来说："王姐，我觉得这件事情小萍有错，但也不至于让您这么侮辱吧，她现在还没缓过来呢！"王姐也带过很多新人，早就见怪不怪了，说："年轻人，有错就要认，当着我的面认了错，转过头来就在这上演受了委屈，还拉来帮手，如果你对我的工作组不满，可以直接去找大领导申请调组，我这里需要的是能做事情的员工，不是请你来当幼儿园小朋友的。"

闹了这么一出后，王姐对小枣也很不满，在此之后很长一段时间都没让小枣进入自己的项目组。而小萍也私下和别人抱怨小枣当时顶撞王姐，导致那段时间王姐总是针对自己。小枣听说了小萍的抱怨后，觉得自己真是好心被当成驴肝肺，并不认为自己做错了什么。

【职场哲学】

我们都知道，每个人在描述事情发生的经过时总是会不自觉地美化自己的行为，很多年轻人听完一方的描述之后，就已经气血上涌，觉得要为他主持公道。又或者是因为和某一方关系较好，出于相信他而愿意为他出头。

然而，职场不是学校，这里的每个人背后都有自己的关系网，如果你贸然介入，根本无法解决他们之间的矛盾，还会把原本两个人的事情扩大到三个人，甚至是更多人的矛盾。如果闹到领导那里，领导首先就会把关注点放在你身上，问你为什么要介入进来。如果事情解决了还好，如果解决不好，很容易让你这个第三方背锅。

② 对谁都微笑，别让人看出亲疏远近

办公室就是一个"缩小版"的人情社会，就会有亲疏远近，就会有个人喜好。有的人会以合作次数、默契程度作为标准，挑选出比较合拍的工作搭档，对待其他人相对来说就比较高傲，不好接触；有的人会以脾气秉性、性格爱好作为标准，挑选出和自己兴趣

相投的工作伙伴，对待其他人就爱答不理；还有的人只会以是否正在和自己的工作产生交集作为标准，对待其他人则都是见面打个招呼，没有深交。

这三种哪一种好呢？答案不言而喻，一定是第三种。第一种虽然也是以工作本身来挑选合作搭档，但对待其他人未免太过生疏，很容易给人留下"不好接触"的印象，一旦合作搭档需要更换，就要花费时间先破除自己的坏印象，增加了沟通成本。第二种既没有根据工作挑选，也没有对其他同事展现自己的友善，几乎就是学校友谊的翻版，很容易给自己留下人际关系的隐患。只有第三种是最合理的，对待合作伙伴展现信任，对待其他同事表现友善，即便工作发生变动，也能游刃有余地处理。

【案例】

在一家大型企业的办公室里，有一位名叫林晓的员工。她性格开朗，工作能力也不错，但在处理办公室人际关系上，起初却有些不当。

起初，林晓与同部门的一位同事小赵因为共同负责一个项目，合作十分愉快，私下也成了好友。在办公室里，林晓对小赵格外热情，有说有笑，而对其他同事则相对冷淡。这种明显的亲疏表现，很快引起了同事们的注意。

有一次，公司安排了一个紧急任务，需要大家分组协作。林晓自然想和小赵一组，但最后她被分到了与另一位同事小李一组。然而，因为之前林晓对小李表现出的冷漠，小李对这次合作心存芥蒂，工作中配合度不高，导致任务进展缓慢。林晓试图积极沟通，但小李却始终态度冷淡，让林晓倍感无奈。

而在其他方面，林晓因为明显的亲疏远近，也让一些同事在背后对她颇有微词。比如在讨论方案时，原本一些同事可能会支持林晓的想法，但由于对她的这种态度不满，选择了沉默或者反对。

经历了这些挫折后，林晓开始反思自己的行为。她意识到，办公室就如同一个"缩小版"的人情社会，不能让人看出明显的亲疏远近。于是，她改变了自己的态度，对每一位同事都保持微笑，平等对待，积极与大家交流合作。

渐渐地，林晓发现，工作氛围变得更加融洽了，同事们对她的态度也有了明显的转变。在之后的一次重要项目中，大家都积极配合她的工作，最终项目顺利完成，林晓也得到了领导的高度赞扬。

【职场哲学】

有些人总是会把喜好都写在脸上，这是很多年轻人的通病，认为就是要洒脱自我，即便是工作，也不能违背自己的喜好。但在职场里，如果过分看重自己的喜好，很容易给别人造成"公私不分"的错觉，即便你觉得自己是公私分明、就事论事，也无法左右别人的想法。

最好的办法就是，和所有人都保持相似的亲密度，不区别对待。如果你是个很外向的人，平日里很活跃，那就和所有同事都保持比较亲密的关系；如果你是个很内向的人，平日里比较沉默寡言，那就向所有同事点头示意，有事说事。

最怕的就是特别明显的区别对待，和自己投脾气的就恨不得天天形影不离，和自己不投缘的就置之不理。这种区别对待最容易形成办公室壁垒，并且很难打破，不是你偶尔和别人说一句话，对方就愿意搭理你的。

⑨ 举手之劳可以做，但要分清谁是主体人

在办公室里，我们难免向别人求助，别人也会向我们求助，有的是工作上帮个忙，有的是中午帮忙带个饭，都十分常见。如果只是中午帮忙带个饭、外出时帮忙买杯奶茶这种事情，不需要多言，但如果是在工作上的请求帮忙，就需要职场人多长个心眼儿。

需要明确几个要点：明确对方的要求，不要按照自己的习惯去做；明确是谁的工作，谁是工作的负责人；明确责任，自己只是帮忙，上交之前请对方务必自行检查。

如果没有明确这几点，就先不要着急上手，以免给自己埋下隐患。

【案例】

晨晨最近很烦，因为她在公司惹了一个不大不小的麻烦。

那一天，公司里和她关系很好的华子特别忙，就请晨晨帮他打印一份文件并快递到客户公司。晨晨觉得这是举手之劳的事情，就把工作揽了下来，并让华子把客户的快递地址在微信上发给自己。经过一顿忙活，晨晨调好了快递单据、打印了文件，为了防止快递员弄错，直接将文件装订好、放进文件袋密封。她压根儿没当回事，等快递员拿走之后，就去忙自己的工作了。

第二天，华子说客户还没有收到，便找晨晨要来快递单号，查询后显示，快递还在运输途中。华子没当回事，就和客户说是还没有送到，请再耐心等等。又过了一天，客户居然还没收到，华子有点儿着急了，就拨通了快递的电话询问，但快递公司说他们也需要根据单号

核实情况。

华子就去问晨晨，是不是她把快递地址填错了。晨晨听完觉得很不可思议，说自己明明就是从微信上复制粘贴，怎么可能出错呢？如果快递地址错了，那就是华子自己写错了。两个人都有点儿不高兴。

为了把文件尽快交到客户手上，华子只好利用午休时间专门打车带着文件去了趟客户公司，并向客户解释，不知道快递出了什么问题，现在还显示着正在配送，怕客户着急，就打车送了过来。

虽然客户那边的问题是解决了，但这份文件怎么说也属于公司内部文件，不能就这么在外面飘着，如果内容被泄露了，华子和晨晨都承担不起责任。在那几天，晨晨和华子不停地给快递公司打电话，问丢件了该怎么解决，但快递公司说现在还不能表明是丢件，只能试着找回。好在最后快递公司找到了快递文件，直接退回到了公司，事情才算解决。但华子和晨晨也因为这件小事而彼此埋怨。

【职场哲学】

帮别人做些辅助性的工作，是办公室里非常常见的，比如，帮忙收发快递、帮忙打印文件、帮忙给领导送点儿东西，等等。虽然这些事情看似很小，但责任一点儿都不小。如果不能明确出了问题由谁负责，就很容易扯皮。

有的人会问，别人就是让我帮忙发份快递，我怎么和对方分责啊？答案是"做戏做全套"。案例中晨晨的做法在哪里出了纰漏呢？她没有再次和华子明确快递信息，也没有及时将快递信息同步给华子。如果她在填写快递信息的时候再次和华子确认一下："你再核实一下快递信息，看是不是对的。"等华子确认后，自己填完截图发给对方，并告诉对方，快递已于何时被快递员拿走了，请他把快递单号发给客户。这样操作完毕后，后续即便快递出了问题，也应该是华子去打电话和快递公司进行沟通，而不是华子找晨晨、晨晨再去找快递公司。

④ 对待前辈要尊敬，对待后辈别摆谱儿

任何一家公司，都会有资历较深的核心成员，也会有刚刚踏入社会的大学毕业生，还有处于培养期的青年员工。在公司内部，员工之间是平等的，但这不代表资历浅的员工可以肆意妄为，具体的表现应该是：尊敬前辈，爱护后辈。这是很多企业都强调的"传承"。

【案例】

无论哪朝哪代，都有一个特别固定的现象，叫门生。意思是，所有参加科举的学子，根据自己年份的不同、主考官的不同而自动划分为门派，有些更具威望的官员也会通过其他手段来获取门生。门生之间，根据入门时间的早晚会被定义为前辈、后辈，前辈有责任带领后辈，比如帮他们了解为官之道，帮他们处理具体事宜，而后辈则要向前辈表示尊敬，在关键时刻要支持前辈的决定。

比如，孔子门生，因为老师都是孔子，他们之间算是同窗之情，即便日后为官，也会按照兄长、贤弟来称呼彼此；再比如，阳明心学派，在明朝中后期，所有学习心学的人都会自动形成新的门派，尽管他们本身在求学的时候都并不相识，但相同的志向指引他们形成门派，最典型的就是徐阶、张居正等人，徐阶就是凭借这一条认定张居正是自己人，并对他多加照顾。

　　到了职场里，很多大型企业也在沿用这种"前辈帮助、后辈尊敬"的传承模式。比如，传统企业里的师傅带徒弟，这里所说的"徒弟"不是"一日为师，终身为父"的徒弟，而是跟着前辈学习技能，学会后就可以独当一面的人。很多电视剧里都有过类似的展现，比如电影《三大队》里，徐一舟叫程兵师傅，程兵叫张青良师傅，说的就是老带新的模式。

　　在这种模式下，职场老员工能够帮助新人尽快完成学校到职场的转化，让他们尽快熟悉工作环境和工作内容，换来的自然就是后辈的尊敬。当然，如果前辈摆谱儿，动不动就以过来人的身份随意批评后辈，甚至进行人格侮辱，也会激起后辈的反抗。

【职场哲学】

　　如何正确处理前辈和后辈的关系呢？我们不能把自己单纯地看作前辈还是后辈，即便我们是刚刚走入职场的新人，在经过一段时间后，也会成为前辈，需要辩证地看待问题。

　　作为后辈，我们要尽可能地尊重前辈。不管是他们带领我们熟悉工作的情分，还是他们对工作的付出，都值得我们尊敬。而不是说，他带我，我就尊敬他，不带我，我就不用搭理他。这种用人朝前、不用人朝后的态度不可取。

　　作为前辈，我们要懂得职场新人初入职场时的心态，他们会很小心，生怕出错，需要前辈的鼓励。而不是对方稍微出现点儿纰漏，就夹枪带棒，言语攻击。

⑤ 任何公司都忌惮"办公室恋情"

有些公司会有内部规定：不鼓励同公司的员工谈恋爱。一方面，是担心员工因为私人关系而影响工作，如果情侣之间闹别扭了、分手了，工作还怎么做呢？另一方面，是担心员工私自泄露部门的工作进度，又或者是担心情侣为了自己的利益以权谋私。

有人会说，感情的事情谁能说得好呢？万一就是在工作过程中产生了爱情，该怎么办呢？很简单，权衡利弊后，其中一个人离职，到其他公司工作。

【案例】

小凡被公司劝退了，理由是"无法胜任工作"，在办理离职手续的时候，和她关系不错的 HR 委婉地劝慰她："办公室里所有人都应该只是共事之人，不应该掺杂其他情感。"

小凡十分愧疚，因为她心里清楚，之所以会被辞退，是因为她和同事小刘发展了一段办公室恋情。小凡和小刘原本是同一个小组的组员，年轻人谈得来，自然而然走到一起，但问题是，他们两个还要共事。成为情侣之后，他们无法做到公私分明、就事论事。

有一次，小凡和小刘共同负责一个项目，但两个人意见不一致，谁都说服不了谁，这就导致整个项目组的工作都停摆下来。直到部门经理过来询问项目进度时，才得知事情缘由，但碍于小凡和小刘都是成年人，又涉及个人隐私等问题，部门经理不好多说什么，只是让项目组成员务必在限期内完成工作。

因为恋情被部门领导知晓了，小凡和小刘也必须面对这个非常现实的问题了。小刘认为，自己是男人，自然不能放弃事业，如果公司真的要求两个人之间必须有一个人离职，也应该是小凡离开。小凡却认为，两个人职务相同，工资也差不多，凭什么是女人放弃事业呢？结果自然可想而知，两个人因为这个问题闹得不可开交，最后还是以分手而告终。

恋情失败，公司里也流传开她的传言，小凡就开始消极怠工，这样下去，等待她的只能是公司的辞退了。

【职场哲学】

办公室是以工作为核心的场所，其首要目标是实现高效的业务运作和达成公司的战略目标。当恋情在这个环境中滋生，很容易分散注意力。恋爱中的双方可能会在工作时间频繁交流与工作无关的话题，或者因为情感上的波动而影响工作效率和质量。

进入职场的时候，需要给自己打好预防针，不要和公司里的异性同事过分亲密，这样能够特别有效地杜绝产生办公室恋情。更重要的是，也要杜绝流言蜚语的产生，如果和异性同事关系过分亲密，即便你们之间清清白白，也很有可能在公司内部形成对自己不利的流言蜚语，得不偿失。

第四章

做销售，
重在"业绩"

第一节　乙方的本质是服务甲方

① 人靠衣裳马靠鞍，选择适合的着装

俗话说，人靠衣裳马靠鞍，在什么场合穿什么衣服，是基础的职业素养。比如，殡葬业的从业人员一定是身着一套黑色正装，婚庆业的从业人员一定是身着正装，且要注意和新郎的服装有所区别。

如何选择自己的着装，应该注意以下几点：首先，我们要明确去什么场合，如果场合非常正式，就一定要选择正装，而不能选择休闲装；其次，如果同行的有领导，可以看看领导的穿着，不要压过领导，尽量不和领导撞色；最后，一定要整洁、合体，我们的服装可以不是名牌，但一定要整洁，不要穿过于瘦小的，也不要穿过于宽松的款式。

【案例】

有一位业内大佬去一家互联网公司洽谈合作，为了彰显自己对这次合作的重视，他告诉自己的员工，要穿着得体。第二天一早，他看

见随行的几名下属都穿着西装、打着领带，特别正式，他很满意。

等到了对方的公司，这位大佬傻眼了。对方是一家新兴的互联网公司，几乎所有程序员都是 T 恤衫、大短裤，每个人都在电脑前忙碌着，根本没有意识到这位大佬和他带领的团队来公司的重要性。

大佬有点儿奇怪，但碍于那是对方公司的企业文化，也不好多言。等到了洽谈会议开始的时候，互联网公司进来的员工虽然都穿着西裤、衬衫，但明显能看出来是临时换上的。互联网公司的领导很不好意思地解释道："× 总，您看这事儿闹得，我们这里的程序员都已经连轴转了一个多礼拜了，平时在公司里大家都不修边幅，这些衬衫和西裤还是第一天来公司的时候留在这里的，实在是找不到领带和西装了，您可千万别介意。"

大佬闻言，立刻起身，脱了自己的西装搭在椅背上，然后顺手摘掉领带，卷成一团放在裤兜里。整个团队的其他成员看到领导的做法，也都纷纷效仿起来。最后，双方人员都穿着衬衫、西裤，坐在会议室里聊起了这次的合作项目。

【职场哲学】

很多年轻的职场人认为，为了表示自己对场合、人物的重视程度，必须花费巨资定制一套合体的行头，实际上，真正的合体是符合当时的环境、符合自身的气质、符合谈话的内容。

案例中的业内大佬一定不缺少昂贵的、合体的服饰，但他没考虑到对方的工作性质，幸好自己随机应变，才化解了双方的尴尬，避免让对方陷入窘迫的境地。所以，我们不能过分重视，也不能过分轻视，要根据情况选择合适的着装。

② 谈吐得当，不冒进，不吞吐

有些年轻人在做销售的时候，特别喜欢把自己放在一个很低的位置，面对客户，总是"哥哥""姐姐"，好像这样做就能讨客户开心。实际上，在网络上曾经有过"最讨厌销售的哪些行为"投票活动，排名第一的是不分时间地打电话骚扰，排在第二位的就是过分的虚假热情。

在很多人心里，销售总是自来熟，不管客户是否需要，上来就展开一顿疾风骤雨似的输出。真正出色的销售绝对不是那种上来就"哥，姐，来看看我的产品吧，我们的产品……"，而是要谈吐得当，在客户需要的时候进行讲解，在客户不需要的时候懂得沉默，把握住客户的心理，在合适的时候再开口，而且说话绝对不是连珠炮似的，好像是在背课文，他们懂得客户想听什么，重点在哪里，并且有节奏地向客户介绍。

【案例】

范范是4S店里的销售员，工作这几年的时间里，她学会了很多销售技巧，其中最关键的一点就是，不要擅自给客户推荐产品，不要随便打断客户看车的热情。

她刚开始做销售的时候，店里每进来一位客人，她都表现得特别热情，上来就是"大哥大姐，来看车呀，有什么心仪的款式吗？我们的产品如何如何好，连续多少年是销售冠军……"结果，对方刚提起看车的兴致立刻就被她吓了回去，连忙摆手离开了。

后来还是前辈告诉她，你不能上来就把人吓跑了。买车的钱可不是小数目，动辄几十万元，客户进来看车大部分已经做过了解了，你这一顿输出，只会让别人觉得烦，没了看车的兴致。于是，她改变策略，再有客户进来时，她先问："大哥大姐，看车之前有做过了解吗？有什么心仪的车型吗？需要我为您做讲解吗？"如果对方表示想自己先看看，她就稍微往后退一点儿，站在旁边随时观察客户的需要，等对方需要她时，再上前做讲解。

此外，她在为客户讲解汽车性能时，也增加了很多趣味性，不再是干巴巴地讲解了。首先，她下载了很多销售汽车的测评视频，有一些视频博主讲了很多亲自驾驶之后的感受，更直观；其次，她在讲解之后，还会再询问一下对方更看重哪方面的性能，可以再着重介绍一遍。这样结合起来，让客户觉得她很专业，更愿意在范范这里订车了。

【职场哲学】

我们可以简单地假设一下，同样是一大段话，一个人一次性在你耳边念叨一遍，你是什么反应？相信很多人会觉得聒噪、没有重点、不想听。另一个人则是选择分段式讲解，问你想先听哪个部分，重点听哪个部分，你会是什么感受？肯定是觉得自己被重视了，自己的需要被重视了。

所以，想要成为一名出色的销售，不要急于向客户介绍什么，而是要分清主次、有条理地分段阐述，如果有条件的，可以运用多种方式，比如短视频、宣传册，也可以让客户亲自感受，这些都是帮助销售人员留住客户的方法。

⑨ 拿下订单靠的是本事，不是酒量

作为销售，应酬客户在所难免，但很多人有一个误解，即把签单量和应酬，尤其是和应酬中能喝多少酒联系在一起，好像谁能喝、谁喝得多，谁就能拿到更多的订单，却忽略了对方的真本事。

有不少初入销售行业的年轻人不分青红皂白就开始锻炼自己的酒量，美其名曰要为今后多签单打基础。与其在这里和自己的身体过不去，还不如去看看对方签下订单靠的是什么。

【案例】

小颖是金牌业务员，凭借着自己的能力签下很多订单，但她没有特别多的应酬，而是把时间都放在跑展会上。有些人觉得奇怪，就问她为什么不应酬。小颖反而说，能在展会上解决的问题，为什么要去酒桌上说呢？

在小颖看来，大家来参加展会本身就代表了他们对这些产品有需求，紧紧抓住这些潜在客户，就已经有源源不断的客源了，而且这些客户比起喜欢在酒桌上谈订单的人更在意效率、更在意产品性能，从而节省了很多无效社交。

每次去参加展会之前，小颖都会在自己的平板电脑里存储公司各种产品的视频介绍，准备好宣传册，并且定制一些客户实实在在需要的小产品。比如，如果这个展会是在南方，小产品有可能是印着公司logo的小扇子；如果是在比较冷的地区，产品可能是一副手套；如果实在没特点，还可以定制便携式餐巾纸、湿纸巾等小物品，不需要花费很多钱，但可以瞬间拉近和客户的关系，解决他们的实际需要。

开展会时，小颖不会只站在自己的展位上等待客户上门，而是直接站在会场门口，手里拿着公司的产品模型。这样一来，只要走进会场的人都会看到，只要客户对她投来一个感兴趣的眼神，她就凑上前询问对方有没有意愿了解一下本公司的产品，并赠送小礼物。用这种方式，她收获了不少的潜在客户。

【职场哲学】

中国的酒局文化深入人心，有很多刚入行的年轻销售员总是听说，××在酒局上签下了大单子，就产生了错觉，觉得××是凭借着自己能喝酒就签下来了。或许在20世纪90年代到21世纪初期，有一些客户会有这样的行为："你今天把这瓶酒干了，我就跟你签。"但这种情况现在已经越来越少了。

首先，任何一家公司的领导都更看重自己的利润，不会把购买货源当成儿戏；其次，正确看待酒桌文化，它可以是增进合作伙伴之间关系的纽带，但绝对不是唯一的，也绝对不是起到关键作用的。正确看待酒局文化，正确看待销售行业，才能让这个行业发展得更好。

④ 显示出除了价格之外的优势

在购买东西的时候，客户最看重什么？如果在十几年前问这个问题，可能大家会回答更看重价格，谁的价格低谁就有优势，但现在再问这个问题，更多人回答的是看性价比。绝对的低价已经无法再满足客户的需求，他们需要的是用合适的价格购买性能更突出的产品。

作为销售，我们不能只强调自己的产品价格低，更要突出其他优势，比如，我们的产品更人性化，有多种模式，能满足客户的更多需求；我们的产品能够自主更新，且更新速度快，更能满足时代的需求……要紧跟时代步伐，不要总是停留在过去的思维里。

【案例】

小李是一位出色的家具销售人员。有一次，一位客户走进店里，对一款沙发表现出了兴趣，但同时也对价格有所顾虑，认为有些昂贵。小李并没有急于强调价格，而是向客户介绍起这款沙发的独特之处。

他引导客户感受沙发的面料，并介绍："您摸摸这面料，是进口的高级绒面材质，不仅触感柔软舒适，而且非常耐磨，不易起球，容易清洁和保养，而且即使使用很多年，也可以保持良好的外观。"

接着，小李指着沙发的框架说："我们这款沙发的框架采用的是优质实木，经过了特殊的干燥处理，坚固耐用，不易变形。而且，我们提供十年的质保服务，如果在这期间出现任何框架质量问题，我们都免费维修或更换。"

他又让客户坐在沙发上，体验沙发的舒适度。小李说："您坐下来试试，我们根据人体工程学设计，能完美贴合您的身体曲线，给您的腰部和颈部提供恰到好处的支撑，让您在休息时能彻底放松身心。"

客户听了小李的介绍，脸上露出了心动的神情。小李继续说："我们还提供免费的上门测量和安装服务，确保沙发在您家里摆放得恰到好处。另外，我们的售后服务团队随时待命，如果您在使用过程中有任何疑问或问题，都能及时得到解决。"

客户被小李所介绍的除价格之外的众多优势所打动，欣然购买了这款沙发。

在这个案例中，小李通过展示产品的材质、质量、设计、质保和

售后服务等方面的优势，成功说服了客户，而不仅仅是依靠降低价格
来促成交易。

【职场哲学】

销售的重点在于找准自己产品的卖点，这个卖点有价格的因素，
也有非价格的因素。很多销售员总是错误地把重点放在价格优势上，
从而导致他忽略了价格以外的其他优势。

现如今，不少人已经不那么看重价格了，而是更看重性能、品质
等因素，如果不能抓住自己产品的卖点，只会强调低价，那肯定会错
失很多潜在客户。

⑤ 找准客户的核心需求

曾经在很多大型生产企业里都有这样一句标语："顾客需要什
么，我们就生产什么。"转到销售行业内，就变成了："顾客需要什
么，我们就提供什么。"所有销售人员都应该谨记，想要签下单子，
就要找准客户的核心需求。

有些客户在初次接触时，不会直接表明自己的核心需求是什么，这
需要有经验的销售员进行引导，从客户的回答中寻找到真正的答案。

【案例】

中国经商的鼻祖是哪位历史古人呢？答案是春秋战国时代的白
圭。白圭是东周洛阳人，原本是魏国的官员，后来因为家境富足而做
起了生意。他脑子非常灵光，深谙经营之道。在《史记·货殖列传》
中记载了白圭的这几个小故事。

白圭经营的主要业务是粮食。他从农民那里低价收入粮食，然后

再进行严格筛选，最终把粮食分为上下两等。分好之后，他把上等粮食当作种子，低价卖给没有种子的农民，让他们在第二年继续种植，待丰收后务必要卖给自己，因为优质的种子才能种植出更高产、更优质的粮食；下等的粮食数量是最多的，他低价卖给百姓，因为百姓寻求的是能填饱肚子的粮食，而质量是好是坏并不重要。他依靠这种方式赚了很多钱。

白圭充分了解农民和百姓的需求，农民需要的是能够持续种植的优质种子，他就把优质粮食卖给农民；百姓需要的是填饱肚子，他就把下等粮食卖给百姓。

【职场哲学】

中国在销售环节里，从古至今，已经总结出了很多经商之道，找准客户需要，是所有生意开展的基础。很多年轻销售心里都在犯嘀咕，怎么才能找准客户的核心需求呢？这其实是有技巧的。

首先，客户在咨询的时候会在不经意间透露自己的背景，比如，他为什么要来咨询产品，想要干什么，他的预算大概是多少，知道了这些信息之后，销售员可以在脑海里构建出客户的诉求点是什么；其次，通过不断问询，完善自己的资料。比如，有的客户说自己想要买车，预算是三十万元以内，就是想当代步工具，如果销售只知道这几点，根本没有办法向客户推荐车型，那就继续问，对方是喜欢 SUV，还是喜欢普通轿车，又或者是喜欢轿跑？如果对方喜欢 SUV，说明他需要车厢更大，是否是因为其他需求？是有自驾游的打算，还是因为家里人多，等等；最后，针对对方透露出的信息再做进一步优化，比如询问对方是喜欢性能更高的，还是喜欢提速更快的，又或者是喜欢科技感更强的……这样一步步操作下来，就能初步判断出对方真正的喜好和需求了。

第二节　如何讨价还价

① 循序渐进地商量价格

　　在销售环节，讲价是必不可少的环节，无论客户是千万富豪，还是普通百姓，都对价格非常关注。如何在销售过程中守住价格的阵地呢？

　　现在的客户在讲价的时候也都很注重策略，他们会很有技巧地询问你"有没有什么优惠""是否参加什么活动"。当客户这么问的时候，就需要你迅速做出反应。

　　如果有优惠，就说"我们企业为了回馈社会、回馈广大客户，推出了××活动"，重点是要强调企业的担当。如果没有优惠，也不要生硬地拒绝，而是说，"这样吧，我去问问我们领导，看能不能给您申请一个小幅度的优惠"，回来再告诉他，目前没有办法给他在费用上优惠，可以给他一些赠品。

【案例】

白雪是一家仪器公司的销售业务员，常常要接待不同的客户。她会根据客户的不同需求为客户制定专门的报价，比如对方要什么型号的机器多少台、配套零件多少个，后续服务包含哪几项，然后最终汇总后给出一个具体的报价。

最开始的时候，她每次做完报价，对方都会嫌贵，总是要讨价还价，但白雪制定的价格几乎是贴着公司售价最低限额做出来的，没有降价的空间。这也导致她最开始的签单量特别低，在公司销售部业绩经常垫底。

为了改变这个情况，白雪想了很多种方法，后来她终于找到了一个技巧，那就是在报价的过程中增加一笔服务费，定价就是合同金额的5%。再有客户来谈单的时候，她先交出去增加了服务费的报价明细，对方再开始讨价还价，她会把服务费从5%降到3%，客户如果还是不满意，就再降到1%，明确告诉对方，这已经是自己和领导磨破嘴皮子才得来的。一般到这个时候，客户也就会同意了。

为什么不直接增加其他方面的报价呢？白雪知道，任何一个在这个行业内做过几年的人都知道大概的行情，如果其他方面报价高了，客户直接就会选择再找其他商家进行报价，总会遇到愿意赔本赚吆喝的。如果仍然按照业内比较低的报价，对方就会认为你报价合理，服务费本身也属于合理的收费项目，并不会导致客户直接转战下一家。再经过讨价还价，告诉对方，其他费用不能再降了，但自己替他争取到了降低服务费的优惠政策，就能顺利签单了。

【职场哲学】

销售要充分把握住客户讲价的心理，是真的觉得报价虚高，还是习惯性地讲一讲，如果能降低点儿价格，自己就赚了。面对这两种心理，需要采用不同的方法。如果对方觉得报价虚高，可以向对方更详细地展示报价理由，让对方明白你没有胡乱报价；如果对方只是想看有没有讲价的可能性，就可以利用对方喜欢占便宜的心理，提出用赠品当优惠。

这些都是销售过程中关于讲价的技巧，但再多的技巧也没有随机应变重要，毕竟销售过程是动态的，所以销售员要把握住价格底线，不要为了签单随便降价。

② 只承诺自己能做到的

很多销售行业内除了要提供产品本身，还要提供售后服务，并且售后服务为很多客户所看重。毕竟，没有人想花钱买完东西却得不到后续保障。所以，在销售的过程中，客户会不断强调自己能获得什么服务。

那么，销售员该如何做呢？是对客户需求照单全收，还是拍着胸脯做保障呢？最合理的做法是，销售员要看重自己的承诺，强化售后服务。如果自己无法保证，那就不要拿自己的口碑随意消耗。

【案例】

某小品讽刺了这样一种现象：客户花了大价钱买了一套新房，售楼处为了能把房子卖出去，在销售时做出很多承诺，但在制订合同的时候采取了很多套路，让业主直呼上当。

比如，卖房的时候，销售人员说小区绿化非常好，有很多棵参天大树，业主拿到房后发现，哪有什么参天大树，只有几棵特别小的树苗；销售人员说小区池塘里养了很多鱼，还养了天鹅，业主问，鱼呢？答曰，被天鹅吃了。再问，天鹅呢？答曰，吃饱飞走了；销售人员承诺，买房送家具，业主拿到房后问销售家具什么时候送，销售说，您从家具城买来，我们负责给您送到家去……

不光是在销售时胡乱做保证，等业主住进房子之后才发现，房子的质量也有问题。售楼处的工作人员当初承诺过，如果房子质量有问题，他们免费提供修理服务，等他找到售楼处要求修理水管的时候，销售员却说：你得等我们方便的时候才能提供上门维修服务。折腾了一顿之后，业主这才发现，又上当了。

小品毕竟只是小品，会有些夸张的成分，但也从侧面反映出很多销售人员在销售环节里出现过胡乱承诺、夸大宣传等行为。有很多产品在设计宣传语的时候就喜欢夸大产品效果，销售人员如果没有做过功课，只会照本宣科，就会让顾客产生不切实际的想法。

【职场哲学】

有一些不负责任的企业对待售后服务很不看重，觉得反正产品已经卖出去了，至于到了客户那里能不能发挥出应有的作用，根本就不在企业的考虑范围内。这种短视的企业自然不会得到长远的发展。

销售人员也要牢记这个原则，如果在销售过程中，自己做出了承诺，只要客户有需求，就应该尽量去满足。如果满足不了，就不要轻易承诺。尽管有企业为销售人员做背书，很多销售人员觉得，自己的承诺兑现不了，反正也不会找到自己，而是会去和企业扯皮，但长此以往，销售人员的口碑也会在业内一落千丈。

⑨ 不要辜负信任你的客户

在销售过程中，很多销售人员都会遇到这样的情况：客户当时有些不方便，想要预留一个能够优惠的名额。很多销售人员都会口头上承诺："没问题，您放心吧，我帮您留着。"但是转头就忘了。又过了一段时间，对方真的过来要签订合同时，可能优惠条件已经没有了，只好再和对方扯皮。

又或者是，对方出于对销售人员某一次合作的信任，经常光顾，有些销售人员特别重视这种回头客，会提供一些被公司允许的优惠条件，但有些销售人员认为，已经吃准了这些顾客的脾气，完全没必要再向这些顾客提供优惠政策，俗称"杀熟"。

【案例】

一位客户在小王手里购买了一款高端笔记本电脑。起初，客户使用得非常满意，对小王的服务也赞不绝口。然而，没过多久，客户在使用过程中遇到了频繁死机的问题，这让客户感到十分困扰。

客户很不满，马上联系了小王。小王深知不能辜负客户的信任，第一时间向客户诚恳地道歉，并承诺会尽快解决问题。

小王与技术部门沟通，协同排查故障原因。经过一番努力，发现是该批次产品的某个零部件存在质量缺陷。小王马上为客户安排了更换一台全新的同型号笔记本电脑，并额外赠送了一款实用的电脑周边配件作为补偿。同时，他还主动为客户延长了产品的保修期限，以消除客户的后顾之忧。

在整个处理过程中，小王始终保持着耐心和热情，及时向客户反馈处理进度，让客户感受到自己被重视。

问题解决后，小王还回访客户，询问电脑的使用情况，为客户提供一些实用的电脑维护小技巧。客户被小王的真诚和负责打动，不仅没有因为这次波折而生气，反而成了小王的忠实客户，并向身边的朋友大力推荐小王。

小王深知，客户的信任是无比珍贵的。这次虽然是产品本身出了问题，但通过及时修复、合理补偿和贴心服务，成功留住了客户的心。也正是因为小王始终坚守不辜负客户信任的原则，他的销售业绩越来越好，在行业内树立了良好的口碑。

对于每一位销售人员来说，都应该像小王这样，珍视客户的信任，以真心和行动去回馈客户，如此才能在激烈的市场竞争中立于不败之地。

【职场哲学】

作为销售人员，就要从自身做起，不辜负客户的信任。在现如今这个年代，想要得到一个人的信任是非常不容易的事情，如果客户信任自己，一定是自己过去做得不错。既然如此，就不要轻易辜负这份来之不易的信任，更不能做轻视客户的行为。如果真的因为产品本身出了问题，就需要及时修复，再想办法给客户进行一些补偿，留住客户。

④ 切忌死缠烂打，只给自己三次机会

当销售人员和客户之间已经完成了初步沟通之后，客户基本上都不会马上签单，而是会表示自己要回去考虑考虑。这时候，这个客

户就成了潜在客户，如何将这位潜在客户转换为真正的客户呢？很多销售人员会说，定期回访，询问他是否有签单意愿。没错，定期回访能够最直观地了解到对方是否有购买欲望、是否计划有变，但问题来了，回访次数多了，很有可能让客户觉得厌烦，甚至会被拉入"黑名单"。

正确的做法是，要先在心里给自己制订一个底线，切忌给对方留下"死缠烂打"的坏印象。很多销售人员普遍都是采取"三次机会"的方式，意思就是，只给一位潜在客户打三次电话，而且要挑好时机，最合适的时间就是上午十一点左右、下午一点左右、晚上八点左右。这些时间段，上班族一般不会被安排会议，晚上八点大部分人在吃饭、休息，相对更方便一点儿，也更愿意和销售人员多聊一些。

【案例】

盼盼是一名房地产中介的业务员，她平时负责的大部分是租房的业务，手上有很多房源。她每天的工作安排都是上午十点左右就开始带着有租房意向的客户去看房源，中午吃过午饭整理上午客户的基本意向，下午两点左右继续带客户去看房源，晚上下班后整理全天的客户意向。

因为租房是比较快速的需求，所以需要中介快速反应，给出解决方法，租房周期只有一周，她必须合理利用一周的时间，让客户做出选择。第一天整理出客户的需求后，她会在当天晚上就给客户打电话询问，如果对方表示还没有考虑清楚，她就会继续问觉得哪里不合适，是价格原因，还是地段原因，又或者是对房子本身不满意。根据客户的回答，她可以再精选出其他房源。

第三天，她会再给客户打电话，如果客户觉得还是不合适，就再抛出新的房源，说自己根据客户的需求又找了几家，问客户有没有兴趣再去看看房。

第六天，她第三次打电话询问客户意见，一般来说，这个时候客户会给出明确的回复，比如有一套房他觉得还可以，又或者是我已经租到了。这时候，盼盼就可以继续开始针对下一拨客户做准备了。

【职场哲学】

在职场上，很多地方都比较适用"事不过三"原则，销售人员更是应该谨记这条原则。对于客户而言，他们需要获得的是销售人员带给他们的专业讲解、新产品的优惠信息和与之相关的服务，如果过于频繁地打电话，很容易让他们感到厌烦，从而降低对产品的认可。

有些销售技巧总是告诉销售人员，你可以在电话里和对方沟通感情、向对方提供企业有什么新产品上市，以及公司新推出的优惠信息。这些销售技巧短期内偶尔使用是有效果的，但同样也要注意"事不过三"原则。

毕竟，这些销售技巧来自过去那个还必须依靠电话销售的年代，可现在已经是互联网时代，所有信息在网络上一目了然，所以销售人员的话术已经无法激起他们的购买冲动了。一旦给客户留下"死缠烂打"的印象后，只会激起对方的逆反心理，他们不在乎你说了什么，只想把你拉进黑名单。

第三节　销售的通讯录管理要有技巧

① 通讯录上的人不是越多越好

有些销售公司在新员工入职后，总是先发给员工一个客户数据单，里面是公司通过各种渠道获得的所谓的客户信息，让员工们挨个给客户打电话进行推销。那本客户信息更类似于僵尸信息，其中根本没有转化可能的客户，几乎所有业务员都被他们拒绝过，是专门拿给新人练手用的。几天下来，大部分无法忍受这种无效工作的新人就会被刷下去。

在销售界曾经有过这样一句话，如果你的签单量不够多，说明你的电话打得不够多。很多年轻的业务员非常迷信这句话。但实际上，这句话产生的时代背景是在日本，因为 20 世纪 90 年代，日本的电话销售曾经风靡一时。

如今时代不同了，不是电话打得越多，获得的优质客户就越多，也不是通讯录里的人越多，签下的单子就越多。

【案例】

小周是个销售业务员，刚开始进入这个行业时，他就听前辈说过，要多准备两个小号，怕到时候微信好友人数不够用。小周很吃惊，要知道微信好友的上限是一万人，如果一万人都不够，那得加多少客户。

经过一段时间，小周终于明白前辈的话是什么意思了。的确有很多客户在初期沟通时就加了好友，但过段时间就没消息了。想删除好友，又怕错过了这个潜在客户，可是不删，微信每天都能加几个新的客户。这样下去，微信好友的确不够用。

但小周是个善于钻研和总结的人，他觉得如果天天加好友，但是没有下文根本没有用，还占内存。于是，小周先用公司优惠信息作为试探发给所有人，这样就能检测出谁把自己删除了，于是就淘汰了很多人；然后又编辑了一条讯息，邀请对方来体验公司新产品，有回复的客户说明他仍然是潜在客户，可以备注一个星号，如果没有回复，说明对方对本公司的产品兴趣并不大，就不用加星号。对于那些已经购买过本公司产品的客户，备注两个星号，多次购买的客户，备注三个星号。通过这种方式，他的通讯录一目了然，谁是重点客户，谁是基本客户，谁是潜在客户，看星号就心知肚明了。对于那些新加的微信好友，也是用这种方式进行筛选。

【职场哲学】

管理通讯录，是有技巧的。通讯录管理得当，它就相当于是一个简要的信息库。比如，有的销售人员会把重点客户的喜好编辑在备注中，有的则是把对方的生日备注上，然后在逢年过节或生日的时候给对方送上祝福。

合理利用通讯录，能够及时拉近和客户的距离。比如，客户在天南海北，有的销售就会备注对方的所在地，及时把当地举办的活动发给对方，邀请对方去体验。这样一来，对方如果感兴趣，也会来找你下单。

通讯录是每一个销售从业者的小型资料库，但里面的人并不是越多越好，而是要越细化、越能重点击破越好。

② 合理利用"朋友圈"

微信朋友圈，现在已经成了新的"广告宣传"阵地，曾经被无数人吐槽的微商能够红火一时，就说明有很多人知道从微信朋友圈里获得商业价值。那么，作为销售从业者，该如何利用朋友圈传递信息呢？

首先，要掌握好时机。大部分人每天开始有空刷手机的时间是早上七点、中午十二点、下午六点和晚上十点之后。这些时间正好对应了清晨起床、午休、晚餐和临睡觉之前。如果想要信息被更多的人看到，可以利用这个时间段。

其次，要做好设计。有些人为了图省事，直接发送一个大图，但这种方式很难有好的反馈。毕竟要让别人点开大图需要缓存，然后才能看清到底是什么信息，大部分人会选择划过去。合理用好九宫格，再配上"优惠""比价双十一"等字样，才能引起别人的兴趣。

最后，不要刷屏。很多人误以为，信息风暴就是不停地发，实际上这种做法很容易引起别人的反感。

【案例】

老杨是一个宠物产品的销售业务员，他经常利用自己的朋友圈直接销售宠物零食、狗粮等常规消耗品，而微信朋友圈更是被他做成了一个小型店铺。

最开始，他只是在朋友圈里发一些产品照片，写上价格。但这种信息很难被微信好友看到，于是他开始自学剪辑，拍摄了很多狗狗吃自己家产品的视频，然后配文"香迷糊了"。有很多微信好友看到后，会在下面评论，狗狗吃的是什么牌子的狗粮啊。这时候，他再把链接发送给对方。除此之外，他还会发送很多和狗狗相关的介绍，比如，如何科学养狗，然后在文案里植入自家的产品。很多微信好友看到后，就对他的产品产生了天然的信任感。

通过一个小小的朋友圈，让很多人都看到他在养宠物方面是很专业的，遇到问题也常常在微信上直接咨询，他在为别人答疑解惑的时候，再推荐自家产品，自然就能得到好的反馈。

【职场哲学】

很多销售从业者总是抱怨客源太少，或者是平台不够好，实际上，最大的误解就是他们不知道如何搭建属于自己的客户平台。微信朋友圈就是一个能够自己打造的小平台。

朋友圈里的信息可以是纯文字，可以是图文结合，还可以是视频，模式非常丰富，只要用心去做，就相当于拥有了一个小的自媒体账号，可以发布很多内容。并且，朋友圈本身就是给你的微信好友看的，而微信好友本身就是你的重点客户，几乎可以算是最佳传播渠道了。

③ 对待不同的客户群体要有不同的语言技巧

销售的话术看似很高深，实际上很好理解，就是"见人说人话"。比如，你的客户是一个五十多岁的妇女，你就不能表现得太浮夸，而是要用很亲和的、耐心的口吻，向她推荐你的产品。如果你的客户是一位精英人士，你在推荐产品的时候，就不能像是菜市场唠家常一样琐碎，而是要精益求精。

老话说得好，看人下菜碟。销售从业者就是要有这样的眼界和口才，才能在短时间内抓住客户的喜好，让他愿意停下来听你介绍，并且在你介绍之后对产品产生兴趣。

【案例】

在很多电视剧里，我们常常能看到这样的场景：一个小酒馆门口，总会站着店小二，每当有客人上门，他们就会拿着毛巾开始张罗，先是问："客官，您是打尖儿还是住店？"待客人说出自己的需求后，他们就领着客人去饭厅，或是去掌柜的柜台办理住店手续。

其实，店小二这个角色就相当于早年间的销售业务员，他们负责招揽生意、负责端茶倒水、负责让客人点菜。这些流程看似简单，其实非常考验店小二的口才。他们都是人精，夸张地说，稍微打量一下着装、人数，就能猜出对方的社会地位如何、谁是这个小团队里能拍板的。

再看看店小二说话的技巧，他们都是捧着说。如果对方衣品不凡，他们就会喊："大爷，您今天打算吃点儿什么呀？小店里今天新来的上等货，别处您可吃不到，要不给您来一份您给品品？"如果对方是普通人家，他们就会喊："爷，一看您就辛苦了，点点儿什么犒劳犒劳自己？"如果对方是上了岁数的女眷，他们会喊："大奶奶，里面请，里面有雅间。"这些称呼都是按照对方的身份地位喊的，而不是现如今所有人都统一成了"帅哥""美女"。

店小二是在无数次实践中总结出来的一套招揽技巧，因为在过去，招揽生意的时候喊错了，即便是被别人打了一个嘴巴，掌柜的也只会说是店小二不懂事。为了不失去工作，他们只能拼命学习这些求生技巧。现如今的销售人员学会这些，不是为了生存，而是为了获得更多的机会。

【职场哲学】

任何话术、技巧，都不是纸上谈兵，而是要落实到实践当中。很多刚进入销售行业的年轻人觉得这可太难了。其实，你可以多去生活中观察一下，比如大商场、超市、菜市场，去看看其他人是怎么和顾客聊天的，并从中领悟到"见人说人话"的真谛。

好的销售员非常懂得顾客的心理，然后通过话术激发对方的购买欲望。比如，对方是一位中年妇女，在沟通时发现她对价格特别敏感，销售人员就可以着重强调："现在有优惠，一看您就是勤俭持家的好手，跟我妈一样，特别会花钱。"如果对方是个小年轻，在沟通时发现她很强调品牌，销售人员就可以说："这个产品在小年轻里特别火爆，像你这么漂亮的小姑娘，拿着我们的产品，往那儿一站，就是一道亮丽的风景线哪。"

④ 客户回访不可少

销售环节不是以客户付款作为结束，而是要做完回访才算是真正结束。很多销售员都忽略了客户回访这个重要环节，导致他们轻易地失去了客户的信任。

有些大企业为了方便，在电话结束后有个评分功能，以中国移动为例，每次客户拨打 10086 之后，都会有个满意度调查。有很多客户都认为，中国移动是一个非常可靠的企业，因为他们重视客户的反馈。

作为销售，我们也可以通过做好客户回访，提升客户的信任度和好感度，争取将短期客户优化为长期客户。

【案例】

大刘是一家专门销售老人保健用品公司的销售员，他的客户大多是中老年人。有很多中老年人购买了产品之后，在使用的时候会有些困难，不会操作。

针对客户的这种特殊性，大刘把原先只询问满意度的回访变成了定期回访，回访的侧重点在于对方能不能正确使用产品，如果对方忘记了，他就再教一遍。如果对方还记得，再开始询问，对方是不是满意、有没有效果之类的问题。

原本大刘只是觉得，既然把产品卖给人家了，不过是多打几个电话的事情。没想到，无心插柳柳成荫，大刘的很多客户都开始自发给大刘拉来客源。理由就是，大刘卖出去产品，还能教老人使用，一遍不会教两遍，隔段时间还担心你忘了再教一遍。很多老人的子女都不在身边，他们对产品的接受程度不高，学得又慢，像大刘这样有耐心的销售员，他们求之不得。听到客户这么高的评价，大刘心里特别舒坦，工作也更加卖力了。

【职场哲学】

不要小看客户回访这个环节，也不要把这个环节当成例行公事。客户在收到产品之后，还处在新鲜感和好感最高的时期，如果不及时进行客户回访，等对方失去了新鲜感，那回访也就失去了意义。

如何利用好客户回访呢？其实客户回访有如下几个要素：第一，询问客户对产品本身是否满意，如果不满意，问题出在哪个地方。这样做能够获取到用户的一手体验感，需要在今后的销售环节格外注意；第二，询问客户对你的服务是否满意，有没有需要提升的部分。对于直接提升自己能力的部分，需要格外注意；第三，询问客户如果有机会，您愿意把我们的产品推荐给您的朋友吗？其实这也是在变相强调，希望对方能够帮你的产品打广告；第四，询问客户如果有机会，您愿意再回购我们的产品吗？这一点很明显，就是试探对方有没有从短期客户变为长期客户的可能。

做好这些之后，就可以在通讯录里备注上他的信息，如果他对产品表现出非常高的满意度，就可以作为重点客户进行长期维护了。

第五章　做公关，核心是谋略

第一节 想要公关好，三十六计要学好

① 先声夺人很重要

一个好的公关，需要知道在什么时候发力，需要知道怎么发力。当我们面对客户时，有些客户总是在不断地提出要求，需要做这个、需要做那个，全然不顾公关的意见。这个时候，公关就必须站出来，主导整个洽谈的节奏和走向，而不是任由对方占据主导权。

首先，必须明确指出对方那些不切实际的幻想；其次，明确指出当务之急是做什么；最后，推出公司的公关策略，以求得到对方的认可。

【案例】

春秋时期，宋国的大司马叫华费遂，他有三个儿子，其中老二在宋国国王面前做事，而老大和老三都没有面见国王的机会。老二总是在国王面前说老大和老三的坏话，国王听了之后，觉得华家的老大和老三特别坏，几次想要惩罚他们但都被老二拦住了。老三怕自己真的被老二害死，就偷偷逃离了宋国。而老大已经有了些实力，决定一不做二不休，直接杀了他二弟，于是号召其他被宋国国王残害过的势力讨伐宋国。老三听说大哥讨伐宋国，立刻在外面汇集兵力，回去支援老大。

眼看着宋国危险了，国王赶紧去求助齐国的乌枝鸣，希望他能够帮自己防守城池。乌枝鸣的下属说："兵书有云，在战争中要先彰显自己的声威，这样能摧毁敌军的士气；向敌人发动攻击，就得等对方气势衰竭之时。眼下，我们应该抢占先机，发动攻势！"

乌枝鸣听了下属的话，派兵迎击，很顺利地把对方击败了。华家老二带着残兵败将，拼命向宋国国王杀去。国王见状，想要逃跑。下属忙拦住他："我是下臣，都可以为国家战死，你作为国王，更应该坚持住。"说完，下属再次激励将士们，让他们奋勇杀敌。宋国国王也壮起胆子，对将士们说："国家若是亡了，也必将成为我们大家的耻辱，抗击外敌还靠众将士拼死战斗啊！"就这样，宋国国王和齐国的乌枝鸣抵抗住了攻击。

【职场哲学】

公关需要讲究策略，比如如何说服客户，这是公关洽谈的重要一环。如果客户总是纠结于想这样，也想那样，犹犹豫豫，拿不定主意，这时候就需要你充分展示自己的专业度，让对方无条件地相信你。

到了计划执行阶段，更要采取雷霆之势，先声夺人，让自己占据主动权，从而主导整个公关走向，而不是让客户占据主动权以至于打断你的执行思路。公关的时机很重要，一旦错过，就难以达到预期效果。

② 充分掌握谈判技巧

在和客户谈判的时候，我们不能让对方牵着鼻子走，而是应该把握住谈判的节奏，让客户关注我们想让他关注的部分，忽略那些旁枝末节。这就需要谈判人员具有丰富的谈判技巧。

要知道，客户们都是希望用合理的价钱获得最全面的服务，甚至获得增值服务。如果谈判人员只是按部就班地讨论方案，很容易让对方见缝插针，增加于对方有利的条款，甚至让对方占据主动权。

【案例】

在一家大型制造企业的采购部门，采购经理小陈正与一家供应商进行关键零部件的采购谈判。

供应商代表一开始极力强调，他们的产品质量很好，技术独特，试图让小陈将注意力完全集中在产品优势上，从而忽略价格因素。然而，小陈心里清楚，不能被对方牵着鼻子走。

小陈微笑着回应："产品质量确实重要，但我们更关注的是整体的成本效益和长期合作的稳定性。"他巧妙地将话题引向了双方合作的发展规划。

接着，小陈向供应商代表展示了市场上其他类似产品的价格数据，说道："您看，当前市场竞争激烈，价格是我们不得不考虑的重要因素。如果我们在价格上无法达成一致，可能会影响我们后续的大规模采购计划。"供应商代表的注意力一下子从产品优势转移到了价格和合作上。

当供应商代表试图再次强调技术优势时，小陈打断道："技术固然好，但生产流程和成本预算也是我们考量的重要标准。"他又详细介绍了企业未来的生产扩张计划，暗示如果能在这次谈判中达成有利的价格协议，后续的订单量将大幅增加。

在谈判的关键阶段，小陈又提出了灵活的付款方式和配套的售后服务要求，进一步分散了供应商对价格的坚持。最终，小陈成功地按照企业预期的价格和条件与供应商达成了协议。

在这次谈判中，小陈凭借丰富的谈判技巧，始终把握着节奏，让供应商关注到企业所期望的重点，从而实现了有利的谈判结果。

【职场哲学】

当对方咄咄逼人的时候，我们是退缩，还是针尖对麦芒地回击，要想正确抉择需要丰富的谈判经验。如果对方很强势，而你又没有可以制衡的手段，就可以采取声东击西的方式，转移一下话题、插科打诨，等等；如果对方开始卖惨，但你并没有强势到可以直接碾压的时候，也可以采取同样的方式去回应。

想要做好公关这一行，什么招数你都要学会，要记住，谈判只是为了让你达到目的所进行的一个流程，不管用什么方式，用什么技巧，你都只是为了达到目的，而不是为了战胜对方。

③ 适当的沉默，让对方猜不透

很多人在洽谈时往往喜欢大量输出自己的观点和价值，似乎这种连珠炮似的话语才能表现出自己的强势和意图。然而，越是这种方式，越容易让人察觉到你的心虚，发现你的破绽。

如果对方输出自己的看法之后，你并不接招，而是沉默片刻，查看对方的反应。很多时候，对方都会败下阵来。尤其是在实力悬殊比较大的情况下，沉默带来的压迫感，往往比连珠炮式的发难更强烈。

【案例】

飞飞曾经利用"沉默是金"的原则取得了一次公关谈判的胜利。对方是一家非常知名的企业，但因为负面新闻亟须进行危机公关。当时能够快速给出应对公关文案的，只有飞飞所在的公关公司和另一家规模相对较小的公关公司。飞飞给出的报价是五十万元，包含媒体运营费、公关费和推广费。企业方觉得费用有点儿高，想要压价。

在谈判时，企业方一直在强调，虽然新闻是负面的，但问题的主要责任并不在于自家企业，而是多种原因造成的，要价这么高不合理。飞飞不理会，只是沉默地看着对方。

企业方又说，现在很多家公关公司他们都有接触，飞飞所在的公司只是最早提交方案的公司之一，要价这么高，很难达成合作。飞飞还是不理会，谈判到了最后已经变成了企业方在唱独角戏。

半个小时之后，飞飞看了一眼手表，说："贵方在与我方讨价还价的半个小时里，某网络平台热搜不降反升，又新增了不少对这条负面新闻的评论，并且大部分的评论是在指责贵方没有大企业的担当，出了问题却不站出来说明情况。我觉得，您有时间在这里和我讨价还价，或许是真的不着急，但负面评论不会等您。"

就这样，飞飞在这场谈判中，利用沉默给对方施压，最后又利用新闻的时效性让对方妥协。

【职场哲学】

学会在适当的时候运用沉默给对方造成心理压力，能够减少很多不必要的谈判环节。到了某一阶段，谈判双方的情绪都难免激动甚至达到一个高点，就好像是上了辩论赛场一样势必要一较高下。但在这种情况下多说多错，说得越多，越容易被人抓住把柄。如果在对方情绪高涨时候，你突然间用沉默对待，那么对方的言语之力就好似打在了棉花上，毫无效果，反而会让对方感到无力和沮丧，如此一来对方的气势也便被击破了。

适当的沉默所带来的力量，不比一句句争辩的话语弱。当然要运用得当，如果对方已经完全占据优势，沉默就变成了无话可说。

④ 布局得当，才能破局

公关的策略不是零散的、孤立的或是随意改变的，而是要有整体性和连贯性。比如，有些公司能够一以贯之地走一个风格，那公关就可以保持这种风格不变；而有些公司则是什么火去蹭什么，导致受众完全不知道这家公司的企业文化是什么，重点是什么，最终无法有效塑造企业形象，这就是公关没有做好，或者说没有布局好。

【案例】

一家传统的服装制造企业在市场中遭遇了严重的"瓶颈"。随着电商的崛起和消费者时尚观念的快速变化，这家企业的产品逐渐失去了吸引力，库存积压严重，销售额持续下滑。

面对这一困境，企业的公关团队意识到，必须进行全面的布局，才能实现破局。他们首先深入调研市场，与设计团队、销售团队以及高层管理者多次研讨，明确了企业最迫切的需求是实现转型，从传统的制造模式转向以消费者需求为导向的创新型企业。

公关团队制订了一系列策略：

首先，积极与时尚界的知名设计师合作，举办新品发布会，展示全新的设计理念和时尚元素，吸引媒体和时尚爱好者的关注。同时，利用社交媒体和网络直播等新兴渠道，广泛传播新品信息，扩大品牌影响力。

其次，与各大电商平台建立深度合作，开展线上促销活动，结合大数据精准营销，提高产品的曝光度和销售量。

最后，该企业的公关团队邀请消费者参与产品设计和改进的过程，举办创意征集活动，让消费者的声音能够直接影响企业的决策。

通过这一系列精心布局的公关行动，企业成功地重塑了品牌形象，吸引了新的消费群体，库存得到有效消化，销售额逐渐回升，最终实现了破局和转型。

这个案例清晰地表明，在企业发展遭遇"瓶颈"时，只有通过得当的公关布局，找准方向，积极行动，才能突破困境，迎来新的发展机遇。

【职场哲学】

在公关领域中布局得当，往往是在制订计划方案的时候，就要确定基本方针，了解客户最想要什么，最想达到什么目的，是为了反转口碑，还是为了度过危机，进而制订不同的策略。

制订了整体方针之后，就开始布局每一步要怎么走，采用什么策略，达到什么效果。这些都是公关人员的基本考量。

其实，不光是在公关领域，在任何领域，都需要进行长远布局。有大格局的人，就会懂得抓大放小，在主要矛盾和次要矛盾中，知道重点解决主要矛盾，而不是纠结于细枝末节。

第二节　公关高手的智慧策略

① 不要轻易相信别人的"大话"

初次接触客户的时候，很多经验不足的公关人会被对方说的数据吓一跳。比如有的公司想要在短期内达成传播风暴：想在各个短视频平台达到上亿的播放量，想在各个平台都有曝光率。此时，你心里第一个想法大概是客户打算花费多少公关预算？对于你的问题，客户说："不差钱，可劲儿造。"试问，这样一个客户，你敢相信吗？

公关领域的高手，会这样去做：第一，了解对方的真实意图。有很多客户为了得到公关公司的重视，会虚报数据，以此来获得更优质的公关方案，不要轻易被对方的数据迷惑住；第二，了解对方真正愿意投入的成本是多少，避免做无用功；第三，通过不断询问找到对方的真实意图，这是最关键的一步。

【案例】

艾米和一个酒店客户开始初步沟通，了解到这家酒店是刚刚开业的某度假村的产业，于是这家酒店找到公关公司，让对方帮自己宣传。

艾米问他："马上就要到暑期这个热门档口，您希望通过什么方式来达到宣传目的呢？"

客户说："什么方式都行，我们不差钱，就是想让更多人知道××度假村里有个酒店开业了。"

艾米说："酒店开业，一般可以选择的宣传方式有这么几种，我给您介绍一下。第一种，是请明星来剪彩；第二种，是举办小型见面会；第三种，是联动旅行社推出配套套餐，直接从旅客中拉来客源。"

客户说："第三种好是好，但我们还有个度假村，不想光吸引外地游客，也想吸引本地游客，我们不光有暑期档，平时也都举办各种活动。"

艾米看到客户并没有选择和明星相关的活动选项，知道对方并不打算依靠明星效应来形成短期热度，便把重心放在如何利用度假村制造热点上。于是，她说："咱们度假村的卖点是什么呢？"

客户说："我们那儿有天然温泉，有药浴，还有很多非遗项目的展示，这些都是我们度假村的特色。"

艾米问："那有美食吗？有药浴，有没有药膳？非遗项目里是吃的东西多，还是玩的东西多？"

客户想了想说："美食也有，但现在还没有成规模。不过，我们酒店的厨师是高薪聘请来的米其林大厨，还有传统的鲁菜师傅，手艺都特别好。"

艾米问:"那如果在暑期档把美食节延展成美食街,能支撑住吗?"

客户连忙点头说:"可以!绝对没问题!"

艾米追问:"如果找美食家、网红探店主播去那边测评,你们觉得合适吗?费用大概是几万到几十万元不等,需要看数量和规模。"

客户终于说出了实话:"这个我得去和度假村的人商量,我们只是前期来摸底的,想看看能不能主要宣传我们酒店。这样吧,你就按照刚才你说的那些做一个初步方案和预算,我拿回去和我们领导、度假村的领导商量一下。"

【职场哲学】

在初期洽谈的时候,一定要摸清对方的真实意图,并且要突破对方画出来的数据大饼。我们不能被他们的节奏带着走,因为他们不清楚公关应该做什么、公关预算应该怎么做,只知道漫无边际地空想。

在现在这个自媒体当道的年代,很多人一提到公关,上来就要求数据得达到多少播放量,要求有多少个网红来打卡,要记住,越是说这些的人越不懂得公关究竟为何物,需要我们通过不断问询来找到他们的核心需求。

② 一定要先做背景调查

很多公司在进行公关操作的时候,都会格外注重一个环节——背景调查。公关的背景调查并不仅仅是对对方公司的口碑、规模等方面进行基础了解,同样也要对自己的公关方案进行背景调查。比如,服务对象是一家新能源汽车产业,我们的背景调查内容除了这家公司的基础情况之外，还要了解它的竞争对手，了解它的主要客户群体等一系列内容。

　　毫不夸张地说，如果背景调查做得好，相当于提前做出了一份多维度的公关计划。因为你对这些内容进行背调的时候，就已经完全掌握了这家公司的基本情况、它的受众群体的喜好、它的优势或劣势在哪里，所以千万不要在做背景调查的时候偷懒。

　　【案例】

　　某个企业因为自己的产品中出现了一批瑕疵品而做了紧急召回处理，但是企业的口碑已经下滑了。为了挽回口碑，该公司找到一家公关公司，希望对方能够提供一些危机公关的处理方案。

　　在洽谈的过程中，公关公司提出的方案是：可以找一些这家企业过去如何负责任的案例并进行放大，然后再寻找一些企业为了确保产品保质保量而多方面努力的案例。企业的营销部想了很久，实在想不出来。再加上这段时间他们的工作强度和压力都有点儿大，直接在谈判桌上崩溃了。

　　看着对方情绪失控的样子，公关公司则是不疾不徐地拿出了自己做的背景调查结果，向那家企业的营销部员工说明：我们查阅了几个一线城市法院关于贵公司的官司，结果显示，在过去的十年里，你们因为产品质量问题被消费者告上法庭八次，均以调解成功结束，想必你们是积极赔付了消费者的损失，你们可以去法务部门找一找，我们需要这些文件；在消费者协会的投诉记录里，过去的五年时间，你们因为销售活动被投诉十几次，因为产品质量被投诉二十多次，但记录也显示"已处理"，相信你们的售后部门也都有相关记录，我们需要你们提供原文件。

除此之外，公关公司还特别调查了这家企业的主要竞争对手在法院的官司记录和消费者投诉记录中的次数，都比该企业显示的数量多很多。所以，公关公司为这家企业定制的公关方案主打"坦诚认错，接受批评，接受监督"。

【职场哲学】

背景调查，不仅仅是调查这家公司的背景，那些不过都是百度百科上的内容。而是要调查出更有价值的、能够在谈判过程中占据主动权的内容，大多是这家公司过去的经营理念是否得到了市场的认可、是否有不诚信的现象存在。这可以让你的谈判抢占先机。

当你得知对方的基本诉求之后，可以继续做更深入的背景调查，比如，他们本身的运作和诉求点是否一致，是什么原因导致他们需要公关，他们的竞争对手主要在宣传什么，等等。

通过这些背景调查，你至少能得出对方想要什么、对方需要做什么、公关走什么方向、有什么可以利用的宣传点等一系列要素。这些都为你的谈判增加了筹码，从而拿下这单生意。

③ 越是大单子，越要多做考虑

有时候，我们常常会被项目的规模迷惑，从而做出错误的判断。所以，在接到大单之后，一定要多做考虑。在公关行业内，有很多隐性投入，尤其是媒体投入，这些都会涵盖在成本之内，如果没有考虑好，很多东西都会成为泡影，从而增加了公关成本。

【案例】

在一家知名的公关公司，员工小张迎来了一个绝佳的机会。一家大型企业准备举办一场新品发布会，邀请小张所在的公司负责公关策划和执行。

小张接到这个任务后，最初的兴奋让他有些飘飘然，满脑子都是如果成功完成这个大项目，自己在公司的地位将大幅提升，奖金也会十分丰厚。然而，小张很快又冷静了下来，开始按照正常的公关流程操作。

他先对这家大型企业进行了深入的背景调查，了解其品牌形象、市场定位以及过往活动的效果和反馈。为了更全面地掌握情况，小张前往企业的各个部门和生产基地进行实地考察，与员工、管理层交流，收集第一手资料。

之后，对于一些关键的活动细节和合作条款，小张按照流程登门拜访企业的高层，与他们进行面对面的确认和沟通。在交流中，小张凭借充分的准备和专业的建议，赢得了企业高层的认可和信任。

由于小张的谨慎、专业和严格遵循流程，这场新品发布会取得了巨大成功，不仅提升了企业的品牌形象，也为公关公司赢得了良好的口碑和后续合作机会。

【职场哲学】

很多员工在接到大单子时，总会有点儿飘飘然，首先考虑的是：如果我能做成这单大生意，能有什么收获。越是这种时刻，我们越要提醒自己，不要被单子的规模迷惑，应该按照操作流程谨慎对待。该做背景调查做背景调查，该去实地考察就去实地考察，该登门确认事项就登门去拜访。

现在，越来越多的企业依赖线上操作，但这也会形成更多的风险。如果真的遇到了大单子，我们完全可以做好初步的公关方案，到对方的公司进行洽谈，而不是完全依赖网络上的对接。

④ 合理利用性别优势

在公关领域，女性往往比男性更具优势。外界对女性的刻板印象都是女性是弱者，女性需要被保护，即使在谈判过程中，女性展现出斤斤计较的一面，也更能让人接受。这些都是女性在公关领域里的优势，所以很多大企业会招聘一两位女性公关人员来处理相应的问题。

作为一名女性公关人员，该如何发挥自己的性别优势呢？首先，可以在外表上稍微表现得弱势一点儿，但不能过于软弱，需要的时候也必须露出自己的爪牙；其次，女性更加感性，也特别容易和对方产生情感共鸣，可以迅速和对方拉近关系；最后，公关的本质是找到核心问题并为自己征求最大利益（更好的结果是双赢），女性往往更会计算其中的利害关系。如果女性能够抓住这些关键优势，自然能够在公关行业内站稳脚跟。

【案例】

在一家大型企业的商务谈判桌上，一场举足轻重的合作谈判正在紧张进行着。此次谈判的双方分别是这家企业和一家实力颇为雄厚的供应商，而企业派出的公关代表是女性公关人员林悦。

林悦看上去温柔且亲和，外表稍显柔弱，给对方留下了容易交流沟通的初印象。然而，当涉及关键条款的讨论时，她敏锐地发觉对方所提出的条件对己方存在不利之处。这时，林悦仍旧保持着温和的态度，但言辞却坚定有力，清晰地指出问题所在，并条理分明、有理有据地阐述了己方的立场和需求。

在后续的交流中，林悦充分施展了女性感性的特质。当对方提及合作进程中可能遭遇的困难和压力时，她流露出深切的理解与共鸣，让对方深切感受到她不单单是在为公司争取利益，更是真心希望双方能够携手克服困难，达成双赢的局面。

随着谈判的不断深入，面对一些繁杂的利益分配问题，林悦展现出了女性在权衡利害关系方面的优势。她细致入微地剖析每一个条款可能产生的影响，权衡各种方案的利弊得失。哪怕面对对方给出的看似诱人但实则暗藏玄机的条件，她也能够迅速洞察其中的陷阱。

最终，这场谈判在林悦的精彩发挥下取得了圆满成功。她不仅为企业争取到了有利的合作条件，还与供应商构建起了良好的合作关系。她的出色表现充分证实，女性公关人员倘若能够牢牢抓住自身的性别优势，便能在公关领域中大显身手，为企业创造巨大的价值。

【职场哲学】

公关，并不仅仅局限在办公室里，公关人员的工作地点多种多样，有的是在逛街的过程中就敲定了细节；有的是在饮茶的时候敲定了合作意向；有的是在体验的过程中收获了灵感。想要在不同的场合里都游刃有余，女性的性别优势就需要被无限放大。

除此之外，女性往往比男性更具备市场敏锐度，尤其体现在对商品的把控上、对媒体风向的把控上。当然，这不可一概而论，有些男性也能依靠自己的手段杀出重围，取得成就。

第六章

对待报酬，
要懂得主动出击

第一节　别总是等着领导"良心发现"

① 不要羞于要求领导"涨工资"

某电影里有这样一句台词："你不说我怎么知道你想要呢？"在职场上，很多年轻人比较胆小、腼腆，对于谈涨薪的问题会觉得比较难开口，觉得领导一定不会同意。

但这种想法是错误的。每一个公司的大领导都会考虑人力成本问题，他们只会想方设法地降低人力成本，只有实在没办法了，才会"勉强"给员工涨工资。如果你不提，他们就装作不知道。

中国有《劳动法》作为劳动者的基础保障，你要求涨工资，只要是合理诉求，领导都不能以此为由刁难你、开除你。

【案例】

岳明在一家公司已经任职五年了，并且这五年来，他没有升过职，也没有加过薪。他也想和领导去提一下，但每次行动前，他又想起领导那句"放心吧，我不会亏待每一个踏实肯干的员工的"，然后就放弃了行动。领导都这么说了，自己再去提，是不是有点儿没事儿找事儿啊？

有一次，他和朋友聚会。朋友就问他今年涨薪了没。他说："公司怎么可能随便给员工涨薪水呢？"朋友觉得非常奇怪，问："你们这行是新兴产业，应该很有前景啊，怎么被你说得像是在苟延残喘？我觉得你还是找个机会去问问领导吧。"

说者无意，听者有心。被朋友这么一说，岳明的心里也打起了鼓。的确，自己从事的是和互联网相关的产业，这是一个正在风口上的行业，领导每年定的KPI都比往年高很多，就说明公司的利润是逐年递增的，为什么自己就没能涨薪水呢？然后他又打开各种招聘软件，查看自己这个职位的平均薪资究竟是多少，不查不知道，一查吓一跳，和自己相同的职位，即便是应届毕业生的薪水都比自己还要高了。

得知这些情况后，岳明的心里发生了些许的变化：一方面他当然也渴望涨薪水，另一方面他又有点儿害怕，万一提了领导不批会不会很丢脸？会不会给领导留下不好的印象啊？以后工作会不会受影响啊？在这种纠结的情绪中，他摇摆了很长时间。直到有一次自己完成了一个大项目，领导特意点名表扬了他，他这才勇敢地走进办公室，找领导单独询问："领导，您看我来公司已经五年了，但始终没有涨过工资。而且我也查过了，现在咱们这个行业相同职位的平均工资是八千元，我又入职了这么多年，理应比平均工资高一些的……"

领导表现得有点儿吃惊，说："这五年你都没有涨过工资吗？哎呀，你怎么不说呢！咱们公司涨工资是需要员工自己提的啊……这样吧，你走个钉钉的审批流程，我会帮你向大领导争取的。"

原本岳明无法开口，以为向领导提涨工资会非常困难，没想到说出来之后，竟然如此简单。领导也没有多说什么，还承诺会帮他向大领导努力争取。

【职场哲学】

不管是大企业，还是小公司，员工涨薪的流程大致都是"员工申请→部门领导审批→总经理审批→通知财务"，很少有公司会特意安排行政人员和财务部员工天天盯着，看是不是有人能达到加薪标准了。

如果你自己不提，公司大概率也会忽视，等到你忍不住开口时，领导还会露出"都怪你不提"的表情。要知道，职场人的利益只能依靠自己去争取，而不能指望别人帮你去争取，无论是要求涨工资还是要求其他符合《劳动法》的福利，都是如此。

② 提要求之前先做好自我评估

这和上一个案例情况相反，有些员工刚刚入职一年，就开始想着怎么向领导提涨工资的事。首先，勇敢地提出诉求是值得鼓励的，但提要求之前，需要自己先想一想，成功的可能性有多大。

任何国家规定的福利都是有明确前提的，比如，年假对应的是工作年限，婚假、产假对应的是必须有相应的行为，所以在提出申请之前，要做好自我评估。如果自我评估都觉得没什么希望，那就再耐心等一等，等到自己符合标准了再去提，成功的概率也会大一些。

【案例】

小豪刚刚入职一家公司，底薪是每月五千元。他觉得自己和 HR 讨论薪水的时候，自己说少了，特别吃亏。但因为还在试用期，没有转正，所以他没有办法再去谈了，就只好忍了下来。

三个月后，领导通知他去办理转正流程、签署合同。小豪想，既然转正了，那就等签订了合同之后再去和领导谈谈，说 HR 当时压价了，看能不能给涨工资。

合同签订后小豪找到领导说："领导，当时 HR 跟我说的薪水是五千元到八千元，我当时说我的期望薪资是八千元，可现在公司给我的底薪是五千元，这和我的期望值相差有点儿多，您看能不能给我涨一点儿工资呢？"

领导说："当时你来公司入职的时候，HR 和你确定过底薪是五千元了吧，你的合同上写的是五千元吧，你不是已经认可了吗？"

小豪说："可是我当时说我的期望薪资是八千元。"

领导说："当时 HR 说薪水是五千元到八千元，是因为每个人的情况不同，有这么一个范围，具体到你个人，根据你的学历、既往经验，当时只能给你定到五千元的标准。这不是随便定的，你能明白吗？再说了，如果你当时觉得不能接受，你也可以不接受这份 offer，再去找能够满足你薪资的工作。但现在你刚刚转正，就跑过来跟我说要求加薪，这个要求我肯定无法满足。"

小豪说："那我怎么才能涨薪水呢？"

领导说："按照公司规定，每年会根据员工表现、获得的成绩进行全面评估，明年的这个时候就可以了。"

【职场哲学】

想要跟公司去谈涨薪水，或是去谈某些福利，并不是我今天听说××涨工资了，就要跟着去要求一下，而是要做好充分的准备。只有自己准备得越充分，成功的概率才越大。但如果自己根本就没有做评估，草率行事，很有可能会给领导留下不好的印象，就像案例中的小豪那样。

我们就以涨工资为例：第一要素是入职时间，一般来说，调整薪资是一年一次，这主要是根据工龄来计算；第二要素是贡献，比如，年度任务量完成的情况、是否有重大项目的参与，等等；第三要素是同岗位的平均工资；第四要素是当地基本工资和平均收入。在提涨薪水时，可以这些要素为标准从自身条件到外部环境全方面做一个评估。

如果你通过各种渠道听说过公司内部其他同事的薪水，也可以作为一个参考标准。但是切记，这个参考标准只能是自己知道，不能当作和领导谈判的筹码。因为在职场里，互相打听工资是比较忌讳的事情。

③ 拿出成绩，让领导不能拒绝

如何提涨工资而让领导无法拒绝呢？答案只有四个字：拿出成绩。换言之，就是用成绩堵住领导拒绝的话。

在职场里，能力不是通行证，业绩才是。能力只是你创造业绩的基础，如果没有业绩，即使再过多强调能力，对于涨薪水来说也只是徒劳。想要让领导同意你的加薪请求，你需要做些什么呢？

【案例】

晓亮在公司任劳任怨地工作了好几年，但每次向公司提涨工资的申请，领导都没有批准，理由是他没有做出突出业绩。对此，他很是懊恼，就把这件事情和一个关系比较好的兄弟说了。他的兄弟比他年长一些，做事也更成熟稳重，就给晓亮出了个主意，让他照着办，准能涨工资。

又过了一周，晓亮抱着平板电脑敲响了领导办公室的门，然后对领导说："领导，前段时间我向您提出了涨薪水的要求，但您以我没有突出业绩婉拒了。为了找到自己与别人的差距，我这段时间在总结之前的工作，这是我做出的表格，请您看一下。"

晓亮打开准备好的文件，一项一项地给领导汇报着："领导，这是各个年度我的项目利润表。如果是纵向对比，我每年的利润都能保证增加10%以上，在公司的奖金制度里，达到10%是可以算优秀的；如果是横向对比，我每年的项目利润都占公司总体利润的15%，咱们公司同岗位能创造利润的同事一共有九个人，并且我已经是同岗位的员工里创造利润占比最高的人了。"紧接着，他又打开了另一份文件，是公司的晋升制度，"领导，按照咱们公司的晋升制度，我这种水平的员工，按理说能够晋升一级，不过我们这个岗位可能没有那么大的晋升空间，但是否能在月薪上有所体现呢？当然了，领导，既然您说我没有突出业绩，我想知道自己的工作水平和突出业绩的差距在哪里？我应该怎么进步呢？"

领导看完后说："好，我再去和大领导商量一下吧。其实，我也觉得你非常优秀，可能是你平时比较老实，不言不语的，大领导误以为你是个很平庸的员工，所以就没有批准。既然你已经做出了表格，有了具体数据，我就可以拿着这份文件去帮你争取了。你也不要对公司有什么其他想法，咱们公司的晋升制度就是大领导制定的，肯定会按照这个标准来执行的。"

果然，又过了几周时间，领导告诉晓亮，他提交的涨薪申请已经批准了，就是按照晋升标准每个月给他涨薪一千五百元。

【职场哲学】

如果公司有晋升制度，可以以此作为参照物，把其中各个项目进行拆分，一一对应，制作出具体的表格文件，附在涨薪申请里面。这样做，可以更直观地让领导作出判断，也避免给领导留下拒绝的余地。

如果公司没有相关制度，可以罗列各项工作所取得的成绩，但不仅仅要罗列自己的，也要根据公司年度汇报做出横向对比（与同岗位员工），以此来突出自己的业绩。如果领导说你成绩不突出，那就用谦卑的姿态询问，所谓突出的标准是什么，迫使领导制订出一个可以量化的标准，而不是全凭个人喜好。

提涨薪不是一锤子买卖，不是领导拒绝一次就不再提了，而是要有策略地一步步明确，让自己有目标、有计划地去实施。

④ 提成、奖金、年终奖，你搞懂了吗

每到年底，是很多打工人最开心的时刻，一方面是可以回家和家人共度春节，另一方面是可以拿到年终奖了，更有甚者可以拿到奖金和提成。然而，如果你去做调查就会发现，很多职场新人甚至搞不清楚提成、奖金和年终奖之间的区别。

【案例】

小玲和小美是合租的室友，平时关系非常好。年底的时候，小玲的公司发了奖金和年终奖，她想犒劳自己出去吃顿大餐，就问小美去不去。小美说自己也发了年终奖，正想找人庆祝呢。两个小姐妹一拍即合，就去商场里找了一家比较高档的自助餐厅。

吃饭的时候，她们闲聊到自己在年底的时候拿了多少钱。小玲说，一共有三笔，分别是奖金、提成和年终奖，一共拿了将近两万元。小美却疑惑自己只有奖金和年终奖，怎么没有提成呢？小玲就说，她们两个学的是同一专业，虽然在不同的公司，但职位也差不多，还是去公司问问吧，别少发了。小美想了想，原本的喜悦已经被刚刚知道的消息冲淡了，但她刚来公司没两年，不太敢因为这种事情直接去找领导，就问了一下自己的父母。

父母听说后，笑着告诉她：年终奖一般是指公司根据这一年业绩的好坏给员工发放的福利，业绩好就有，业绩不好也可能没有；奖金主要是指根据个人负责的项目、工作表现所发放的福利；提成主要是指针对带有销售任务的工种，一般是按照公司规定针对销售业绩发放的福利。

小美听完才恍然大悟，她的工作任务里有一项是向客户推销课程，奖金应该是这一部分的费用。搞清了这些之后，她再也不纠结了。

【职场哲学】

想要向公司申请升职加薪和各项福利，首先需要了解自己工作的性质以及公司过去是如何给员工进行升职加薪和福利发放的评估与决策的。除此之外，还要了解公司在这一年里的基本情况。如果公司本身就没有什么利润，真的有可能连年终奖都没有。

⑤ 别听领导画大饼

当员工向领导提交了升职加薪的申请之后，有些领导会摆出一副前辈的姿态，对下属说："你现在提交申请有些为时过早，时机还不够成熟。"员工问："那什么时候才能算成熟呢？"此时领导拿出公司的年度计划，告诉员工必须实现这个年度计划才算是时机成熟。然而，那份年度计划是完全脱离现实的，几乎是不可能实现的。

领导是傻了吗？当然不是，他只是在给员工画大饼，希望用当前的低成本人力来维持公司的正常运作。所以，必要时适当地拆穿领导画大饼的计策，让对方知道，你不是一个过于单纯的员工。

【案例】

小英刚刚入职的时候，领导就对她说：公司特别看重员工的成长，给予员工无限的发展可能，只要员工能完成工作任务，公司就会给予相应的奖励。小英本就是个从农村考上大学，想要通过奋斗让家人过上好日子的实诚姑娘，所以对于工作格外投入。

之后好几年的时间里，小英几乎是没白天没黑夜地努力工作，不仅取得了很出色的成绩，还赢得了客户的认可。然而，就当小英开始要求领导兑现当初的诺言的时候，领导却说：你现在的能力非常强，但我们公司的业绩还没有达标，你需要再接再厉。

又过了一段时间，赶上了新冠肺炎疫情暴发。小英再一次要求领导兑现当初的承诺，领导说：疫情期间，公司的营业额下降得非常厉害，能够按时给所有员工发放工资就已经很勉强了，让小英再等等。

再后来，全国各地都在忙着复工复产，公司的营业额早就恢复了疫情之前的水平，但是领导还是只字不提兑现承诺的事情。小英觉得自己不能再等下去了，便直接找到公司大领导，向大领导汇报了自己的遭遇，并且做好了如果大领导也不能解决问题自己就跳槽的准备。直到这个时候，领导终于意识到小英已经不好再糊弄了，只好按照公司制度给小英涨了薪水。

尽管小英最后达成了愿望，可如果仔细算算，领导画出的大饼至少耽误了小英三四年的时间。

【职场哲学】

如何区分领导是在画饼，还是在认真制订方案，有几个非常明显的信号可以作为参考：首先，看领导制订的任务量是不是合理，或者说得更直白点儿，就是有没有一个明确的任务量，如果领导说话过于笼统，根本就没有具体的数字，那一定是在画大饼；其次，看公司里有没有其他同事得到过相应的奖励，公司里通常有比你资历更深的员工，可以看一下他们的待遇；最后，有一不能有二，即如果第一次申请被驳回之后，领导继续画大饼，那就可以及时戳破对方。

如何戳破呢？也是有很多种方法的，比如：跟领导用开玩笑的口吻说："领导，以后的事情以后再说，不如先把这一次的兑现了呗。"又或者是卖惨："您是大领导，哪知道我们这些基层员工的苦啊，我们就等着涨薪水好买米下锅呢。"诸如此类。

第二节 涨工资的可行性取决于员工的底气

① 横向对比和纵向对比

如何知道自己是不是有底气去谈涨薪呢？这是摆在很多年轻职场人面前的问题。尤其是很多性格内向、顾虑较多的年轻人，不知道该怎么定位自己的能力，也不知道是不是该去向领导提交申请。其实有一个非常简单的方法，就是先横向对比，再纵向对比，然后得出最终的结论。

无论是和自己对比，还是和同事对比都能够最快速有效地展现出自己的真实水平。如果自己做得好，数据不会骗人，如果数据不好，就请先找到自身的问题，再做升职加薪的打算。

【案例】

小鹏是一名业务销售员，他在工作中有一个非常好的习惯，就是每个月做一次总结，总结的内容有两个重点：第一个重点是，先汇总这个月自己的销售额度，看看这个月的表现如何，这个月的销售额度和上个月相比，是增长了，还是变少了，然后再和去年同月份相比。为什么要和去年相比呢？这是由销售这个行业的性质所决定的，它会分为淡季和旺季，所以不能一概而论。第二个重点是，把自己的销售额度和其他同职位的业务销售员的销售额度进行比对，看看自己在公司处于什么水平。

刚开始的时候，小鹏觉得自己资历尚浅，不管是销售额度还是签单量，都没有办法和其他人相比。渐渐地，他认识了更多的客户，也掌握了更多的销售技巧，销售额度逐渐达到公司的中等水平。

这个时候，他第一次向领导提出涨薪的申请。小鹏心里很清楚，当他在公司里达到中等水平的时候，说服领导的可能性比较大。毕竟，如果这个时候因为拒绝他的涨薪申请导致他跳槽，就相当于损失了很多潜在客户。

【职场哲学】

所谓横向对比和纵向对比，简单来说就是先和自己的过去做对比，再和同岗位的员工做对比。这样对比后，我们就能非常清楚地看到自己的能力究竟在整个公司里处于什么水平，也能看到自己和其他人的差距，更有利于我们去谈涨工资的事。

有时候，很多人做完对比之后，直接丧失了自信，觉得自己肯定没有机会涨工资。但我们不能这么悲观，而是要勇敢地提出来。如果我们横向对比没有太明显的优势，可以把重点放在纵向对比上，也就是说，我们比去年的自己进步了多少；如果纵向对比没有优势，那就把重点放在横向对比上，即便我们的能力在公司里只处于中等水平，那也不妨去试一试。

当然，如果横向对比和纵向对比的结果都不太理想，我们也可以找领导询问一下，该如何进步，如何增强自身实力，至少让领导知道你是积极努力的，而不是在"摸鱼"混日子。

② 让领导看到自己的价值所在

什么才是要求涨薪的底气？很多员工总是认为，我都在这里工作这么久了，这还不是我的底气吗？当然不是，不同的员工进入同一家公司工作之后，表现不一样，创造的价值也不一样，在领导心中的分量也不一样。如果你直白地要求领导涨薪，那你就要让领导看到你要求涨薪的底气是什么，答案就是你的价值。

不同员工所具有的工作价值是不一样的：有的员工是业内经验丰富的人，他们平常没有太多突出的业绩表现，但在公司里是像"定海神针"一样的角色，很多业务都是冲着他们的口碑来的，那他们愿意在公司里工作，本身就是价值体现；有的员工具备出色的业务能力，他们是冲在业务最前线的人；有的员工工作效率特别高，如果有特别紧急的任务，他们更能发挥出卓越的时间管理能力和应变能力……

然而，员工的价值不仅仅是要自己知道，更要得到领导的认可，才能要求升职加薪。

【案例】

小军进入公司后，领导让公司最有能力的前辈刘师傅带着他。刘师傅是个非常负责任的人，每次分配给他的新人，他都尽心尽力地帮扶，所以小军偶尔有点儿小错误，刘师傅都帮着他改正过来。一年之后，刘师傅带领的团队获得了最佳项目组的奖励。

小军觉得自己是最佳项目组的一分子，肯定也是特别出色的员工，恰好他已经入职一年了，就顺便提交了申请涨薪的审批。领导看到后并没有直接找小军，而是找到了刘师傅了解情况。

小军做这件事情之前，根本就没有和刘师傅交流过，所以刘师傅也不知道。被领导问及此事时，刘师傅一脸蒙。尽管刘师傅有所顾虑，但想着还是先帮小军说点儿好话。然而领导阅人无数，一看刘师傅的反应，就知道小军的举动是他自己的主意，也就不想再听刘师傅多说什么了。

那份涨薪申请，领导自然是没有批准，并且还把小军调离了刘师傅的项目组，让他去实力稍微逊色的小组里工作。在新的项目组里，没有了刘师傅的照顾，小军终于认清，原来真正出色的是刘师傅带领的整个项目组，而不是自己。

【职场哲学】

所有人都希望自己是优秀的、有能力的，并且可以通过能力赚到更多的钱。然而，能力的高低并不取决于我们自己的认知，关键是要得到领导的认可，尤其是在提涨薪的时刻。很多年轻的职场人都像案例里的小军那样，把团队的功劳当成是自己的，盲目地提出涨薪的要求。领导会怎么想呢？会认为你不自量力，会认为你骄傲自满。

那什么时候才能确定领导真正认可自己的能力了呢？首先，个人业绩获得领导和团队的肯定，可以是被评为优秀员工、优秀业务员，等等；其次，成为团队里不可取代的人物，至少让领导认为你是别人替代不了的；最后，成为团队的主心骨。这些都是实实在在的能够体现个人能力的方面，而且不会因为一时错判就被领导忽略。

⑨ 不要急于求成，过分期待涨幅比例

涨薪是一件让所有人都开心的事情，但我们也需要明确一点：不要过分期待涨薪的比例，避免前后带来的情绪落差太大。这是什么意思呢？任何事情都不是一蹴而就的，涨薪也一样。有很多员工在提交涨薪申请的时候，只提出了要求涨薪，并没有说要求涨薪多少，那公司可能只给涨一百元；有的员工在提交涨薪申请的同时，明确要求涨薪一千元，那公司可能同意涨薪水，只是不同意涨幅比例那么高，只给涨了五百元，甚者还有可能因为要求涨薪比例太高，最后被领导划入"慎用名单"里。

提出涨薪申请是所有员工的权利，但提多少，就大有文章了。如果不提涨幅，公司只涨一百元，员工心里的积极性肯定会被打击；如果提少了，员工心里不平衡；如果提多了，领导觉得你不知道分寸。

【案例】

小刚经过了几年的努力工作，终于得到了领导的认可，获得了季度优秀员工奖。他一直都没有成功涨薪，就想趁着这次成绩被公司认可的时机向领导提交涨薪的申请。可是，涨多少呢？他心里一点儿谱都没有。他在网上翻看了很多窍门，可是网友们的说法五花八门，弄得他更不知所措了。

就在这时，小刚心想不如去找公司领导打探一下。于是，某天他趁着中午和领导一起吃午饭的时机，打探了些情况。他并没有直接挑明是自己要申请涨薪，而是说："领导，咱们公司对老员工一般都有什么照顾啊，有没有工龄奖励？"领导告诉他："如果在公司任职六

年以上，也就是开始签署无固定期限劳动合同的时候，一般每年会有一百元的涨幅，幅度不是特别大。小刚又问："那如果员工有过突出贡献，咱们公司在底薪上有没有什么体现啊？"领导告诉他："突出贡献一般和升职挂钩，毕竟业绩有了成效都是会发奖金的。"

通过和领导这次交谈，小刚心里有了谱，在这个企业里涨底薪与职务高低和工龄有关，他在这家公司工作了三年，涨幅标准只有三百元，而且这次刚刚拿到季度优秀员工奖，可以试着多提两百元，看公司给不给批，也正好借此机会看看公司对自己的重视程度。

小刚的朋友有些不解，觉得既然提了干脆多提点儿，如果公司能同意不是更好吗？小刚却认为不能给公司留下"狮子大张口"的印象，如果那样做了，以后公司有什么机会，领导都不敢交给他了，生怕他做成之后再开口要更高的底薪。

果然，小刚这份申请被批准了，领导更觉得他做事有分寸，懂得进退有度。之后公司再有好的项目，领导也愿意交给小刚，使他能更好地发展。

【职场哲学】

有很多年轻的职场人胡乱填写涨薪申请，比如，月薪五千元，希望涨薪两千元，这种要求看起来就知道成功的概率非常低，甚至会让领导觉得这个下属太不成熟、没有分寸感。那么，涨薪申请多少最为合适呢？完全可以学习案例中小刚的做法。

首先，找个公司里的前辈打探一下工龄值多少钱，然后根据自己在这家公司的工作年限来判断；其次，询问一下自己的工作业绩靠什么来体现，然后根据这个规则来衡量。有的公司在业绩完成后，奖金直接发放，底薪基本上不体现业绩的好坏，最常见的就是销售行业，那涨薪就不需要过分强调这一点。有的公司则是用等级来衡量底薪，那你就可以先衡量自己的能力是第几级，然后再来对照底薪标准。如果还有其他要素，也是同理。综合这些要素之后，就知道涨薪的范围大概是多少，心里也就有数了。

④ 公司不相信"没有功劳，也有苦劳"

很多职场人总是认为，在一家公司工作久了，即便没有做出什么突出的贡献，领导也会看在自己跟随他这么多年的份儿上，能够给自己升职加薪。但现实是残酷的，这不过是打工人一厢情愿的想法。

在很多公司，领导给老员工的照顾一般都是根据工龄，也就是随着在这家公司任职的时间每增加一年，就增长一点儿月薪，但这些涨幅非常小，大部分只有几十元到几百元不等，且不会再有其他的了。想要增加更多的薪水，靠的只能是功劳，而不是苦劳。

【案例】

在网上，曾经有无数人分享过自己"中年危机"的经历，其中有一个网友的话让人感慨万千。他说：自从毕业之后，他就进入了当地某家龙头企业工作。因为企业在当地各个区域的发展水平参差不齐，当时的领导就说让他去相对差一点儿的地区起到带头榜样作用，带动一下那里的业务水平，并承诺让他放心，公司不会忘记他的付出。

在那里，他工作很积极，但奈何和发达地区水平相差太大了，过了好几年的时间，这个区域的发展都没有太明显的改观。起初，公司还鼓励他、表扬他，但随着业绩毫无起色，领导对他的态度也发生了微妙的变化。现在他已经三十多岁，也要面对养家的压力了，就想和领导商量调离到条件相对好一点儿的地方。结果领导不仅没顾及他这么多年在水平差的地区的贡献，还直接将他辞退了。

看着工资卡里打进来的公司按照《劳动法》支付的赔偿金，想着毕业后这几年来，他的履历上只能简单地写上一句：在××公司担任基层业务员，负责××区域的基础业务。他想不通，当初明明是领导鼓励他去条件差一点儿的地方接受挑战，怎么现在他只是想要调离到相对好一点儿的地方，就换来一封辞退信呢？

评论区的网友特别直白地点出原因所在：你以为你是在为公司做奉献，殊不知这些奉献的价值要等到你成功翻盘之后才能有所体现，如果你没有做出成绩，这些奉献最终只能成为默默无闻的陪衬。

【职场哲学】

很多职场人错误地以为，只要在一家公司踏踏实实地工作，就能熬到一定职位。然而，在几乎所有的行业里想要晋升都需要闯关，老师需要考各个级别的教师资格证、医生需要评职称……

如果你的工作领域里有相应的资格证考试，那就通过证书来证明自己的能力；如果你的工作领域认可的是业绩，那就多创造自己的业绩；而不是只能被动地靠所谓的苦劳和情分，渴望让领导看在自己多年的付出上，来达到涨薪的目的。

第七章

工作的另一个盼头
——升职

第一节 不要做"酸葡萄"，
也别做"冤大头"

① 先弄清楚公司制度

　　一个成熟的职场人，在刚进一家公司的时候，就需要先了解这家公司的晋升制度。管理规范的公司在晋升制度里会明确规定：入职多少年、完成多少目标和任务、对公司有什么重大贡献等，都会有对应的提升标准。甚至有一些更规范的公司对待员工涨薪也有相应的标准。

　　此时的你需要做的是按照晋升制度思考自己的能力，设定长期目标，努力向着升职加薪前进。

　　如果一家公司没有相对应的晋升制度，或者是写得非常模糊，那可能的原因要么是这家公司本身就存在制度漏洞，要么是这家公司刚刚开始经营，各种制度都不完善。

此时你需要做的是先搞清楚公司是哪种情况，以便自己做好充分的准备。

【案例】

小元是通过校园招聘进入公司的，刚进入公司时，他和广大刚从大学走入社会的年轻人一样，拥有着雄心壮志。但对于该怎么做、做什么，完全是一头雾水，只是傻乎乎地完成领导交代的各项工作。

过了大半年，小元的父母和他聊天儿，询问工作是否顺利，有什么收获。小元的回答非常碎片化，只是说明每天在公司做了什么，没有任何长远的打算。小元的父亲毕竟在职场里耕耘了很多年，也有过带领团队的经验，就指出："儿子，你这样每天按照领导安排完成工作看似很努力，却是在浑浑噩噩度日。"小元很不理解，觉得没有方向感。父亲就让他先去看看这家公司同岗位的员工最高的领导是什么职位，他为什么能做领导，然后找来公司制度看看有没有与晋升相关的内容。

受到父亲的指点之后，小元找到自己的部门领导询问职业前景，希望得到前辈的指点。部门领导给小元讲了一下，但因为工作比较忙，说得不是很详细。小元又找到行政部门的同事，要了一份完整的公司制度。晚上回家后，他仔细看完制度，终于知道自己这份工作最高的职位能做到总监，但需要完成的KPI是非常高的，按照自己现在这个速度，根本无法达到标准。

父亲告诉他，职场晋升前期需要稳定的铺垫，也就是打基础，现在你的工作数据很不好看是正常的，因为你刚刚入职半年多的时间，前面至少有三个月都处在了解阶段，不要灰心，一步一步稳扎稳打，先规划一个短期目标，再规划出长期目标，就不至于茫然无措了。

在父亲的指点下，小元给自己制定了一个职场成长表，长期目标是在短期目标的基础上不断积累完成的，短期目标是希望第二年能够基本完成公司制定的员工年度任务，之后再慢慢提高，十年的时间里做到市场总监的位置。

【职场哲学】

很多人以为升职是领导一句话的事儿，其实不然，越是规范管理、有章法的公司在升职这个部分越是制定出非常具体的、可量化的考核标准：比如根据入职年限、年度 KPI 完成情况、重大贡献、突出表现，等等。根据以上标准就可以在入职的时候好好分析自己升职的可能性。所谓重大贡献是不是非常难以实现、所谓突出表现是根据什么来评定、年度 KPI 制定得是否合理。综合衡量之后再根据自己的能力去制订长期规划。

接下来可以从公司规定的升职最低入职年限来入手设定自己的第一个短期目标，然后逐步递升。这样量化之后，就不会觉得升职只是非常虚的目标，自然也就更有动力了。

② 懂得展现自己的专业度

大到每个领域、每个行业，小到每个职位，基本都有不可替代的专业性，有的专业设有专业的考试需要考取证件，有的专业需要通过既往作品来展现。然而，很多年轻的职场人搞不清楚该如何展现自己的专业度、对谁展示自己的专业度。

展示专业度不是时时刻刻拿出自己好不容易考来的证件，也不是把既往作品天天带在身边，而是要融入自己的语言中，通过交谈，让客户、领导充分了解自己的能力。

【案例】

被人津津乐道的历史典故"三顾茅庐",很多人从中看到的是刘备如何锲而不舍,如何求贤若渴,那诸葛亮又是展现了哪些能力让刘备认为非他不可呢?

首先,诸葛亮的父亲诸葛珪做过泰山郡府,叔父诸葛玄被袁术任命为豫章太守,可以说他是真正的官宦子弟。而且诸葛亮后来也追随过刘表,但因为没有受到刘表的重视而隐居到了隆中。

其次,诸葛亮懂得自我营销。刘备投靠刘表之后,积极结交能人志士,为自己招兵买马。就在这时,徐庶向刘备推荐说:"隆中有个高人叫诸葛亮,人称'卧龙先生',但这个高人性情孤傲,将军需得亲自前往才可。"刘备信以为真。殊不知这个叫徐庶的人实则是诸葛亮的至交好友,即便其他人都不相信诸葛亮有真才实学,但徐庶十分确信。当刘备到诸葛亮的家门口时,诸葛亮避而不见。这种举动让刘备更加坚信,此乃高人也。

最后,诸葛亮懂得展现自己的才学。刘备见到诸葛亮之后,诸葛亮也不藏着掖着,直接拿出了"三分天下"的计谋,充分分析了各方势力的真正实力和潜力,有些势力的领导者看似厉害,实则根本就是莽夫,毫无谋略,比如董卓、袁绍,而真正有实力的是挟天子以令诸侯的曹操和占据江东三世的孙权,如果你能率兵占据荆、益两州,守住险要高地,再去联合孙权那方的势力,就能和曹操相对抗。而孙权需要你,也不会威胁你,你就成了第三方势力。待到时机成熟,便可成就称霸伟业,实现大汉复兴。

这样有理有据地论述一番后,刘备彻底被折服,力邀诸葛亮出山。关羽和张飞都曾提出过质疑，问刘备为什么会如此相信诸葛亮呢？刘备就说："孤之有孔明，犹鱼之有水也。"意思是说，我有了诸葛亮，就像是鱼儿有了水，这句话充分肯定了诸葛亮的重要作用。

【职场哲学】

诸葛亮展示自己的才华，也是用了很多谋略的，而不是直接跑到刘备面前对他说"用我吧，我有才华"。那么，作为新时代的我们，该如何展示能力呢？

第一步，可以根据工作需要制订相关的文案、策划书、标书等文字部分，将过去的成绩融入案例里，让对方初步了解你的实力；第二步，根据对方的实际情况进行分析，制订专属的文案、策划书、标书；第三步，在洽谈的过程中，可以多用一些数据来表明自己对这个项目有一定的规划和统筹，明确项目的可执行度在哪里、需要解决的问题是什么、能为对方做什么，等等。

这样一来，我们的能力就可以表现出来，而不是停留在过去的成绩上，也不会是虚无缥缈的吹嘘，自然也就更容易得到对方的认可。

③ 管理能力，是升职的一大法宝

职场的晋升之路，依靠的并不仅仅是实操能力，而且包括管理能力和统筹能力。我们很难看到一个员工单纯因为技术好就成为部门经理，因为技术好不等于他能管理下属、合理分配工作以及统筹项目进度。尤其是混合了几个项目的部门，还要协调各个项目之间的关联和进度。

所以，想要升职，需要适当提升自己的管理能力和统筹能力，并向领导展示出来是必不可少的。

【案例】

小倩原本只是一个踏实肯干的技术员，只想着把自己的技术做精、做好。领导对她的技术水平非常认可，常常会把多个项目的技术保障工作交给她来完成。有时候，她手上的项目堆积严重，且每个项目又恰好都很赶时间，小倩就把自己手上已经规划好大框架的技术工作打包发给其他技术员，让他们按照自己的设计意图继续完成。

这么一来二去，小倩在所有技术员那里都赢得了好口碑。一方面是因为小倩技术过硬，技术水平令大家信服，另一方面是她能根据项目进度制订合理的工作安排。比如：××擅长做什么风格的，她就把采用那个风格的项目发给对方做；××是职场新人，底薪比较低，愿意加班赚加班费，她就把着急的项目发给他……

原本领导只是对小倩的做法有所耳闻，但因工作太多而无暇顾及。直到有一天，领导发现，所有技术员都已经以小倩为中心形成了一个技术员小团队。各个项目负责人几乎不用和技术员进行对接，只要把项目要求发给小倩就可以了。

领导心想，这是好事啊，如果能够成立一个技术小组，让小倩担任组长，这样就能节省很多对接工作上的人力成本，也能更好地给技术员分配工作。而且还能让那些基层技术员看到，即使做技术员也能当领导。真是一举数得。

就这样，部门领导向大领导汇报之后，专门成立了技术小组，小倩担任小组长。

【职场哲学】

具备管理能力，不仅仅是要管理人员，更重要的是管理工作、管理项目。管理人员也只是起到辅助作用，让工作和项目能更好地推行下去。领导看重的不是你把这个团队带得多么团结，而是要看到这个团队有多能干，多能创造利润。

有些年轻的职场人认为，做领导不就是管人吗？然后本末倒置，花费大量的时间和精力在人力成本上，而忽略了项目本身。要知道，人和人之间产生矛盾才是正常现象，有竞争才是公司希望看到的。

实际上，管理能力要更多地展现在进行合理的统筹规划上，让所有成员在合理的分配下努力工作、完成项目、获得利润。像案例中那样，小倩之所以能够破格升职，不是因为她把技术员管理得多么团结，而是她能合理分配工作、调动员工的积极性、保质保量地完成工作。

④ 如果竞争对手更能胜任，请不要吝啬掌声

在很多大中型企业里，大多数岗位需要竞争，重点项目也需要竞争。企业这么做的目的是：一方面可以节省公司的人力成本；另一方面可以激发员工的竞争意识。但对于准备参与竞争的双方来说，则是一场考验。

只要有竞争，就会有输赢。赢得了竞争之后，就要努力实现自己的工作目标，不用过多赘述，那么输了的人呢？

有些年轻的职场人总是把情绪外露，如果竞争输了要么垂头丧气，要么不服不忿，这是非常不成熟的表现。正确的做法是：起立、鼓掌，向对方送上祝福。

【案例】

小张毕业于名校，公司招聘的时候，给他安排的职位是储备干部。或许就是因为这个职位名称太具有迷惑性，小张总认为自己今后就是要成为领导的。然而，在第二年的岗位竞争时，小张就失败了。原因很简单，他的资历太浅了，入职的年限也太短了。

这在旁人看来是一件再正常不过的事情了，但是小张的心里就很不平衡，觉得公司在忽悠自己，平日里自己勤勤恳恳，发生任何事情都第一时间冲锋到一线，结果到了升职的时候，就弄个岗位竞争，对手肯定是领导的亲信。

小张的变化被他的领导看在眼里，领导也知道小张为何会变成这样，但相信小张本质上不是爱抱怨的人，便把他叫到办公室里，想要好好和他谈一谈。

小张走进办公室之后，领导先是给他看了竞争对手自从来公司之后的所有项目和成果，然后对比两个人在竞争岗位时拿出的方案。这是小张第一次直观地感受到两个人的差距。

领导问他："看完对方的这些材料，你觉得对方有能力胜任这份工作吗？你知道你们之间的差距在哪里吗？"

尽管小张很骄傲，但也知道自己的实力不如别人，再想到前段时间自己很不服气，就有点儿愧疚地点了点头。

领导又说："既然你认可了你不如别人，就说明你还有进步的可能。那你现在该干什么呢？"

小张立刻表示："我一定努力赶上对方。"

领导摇摇头说："你现在最该做的是去祝贺对方。让所有人都知道你是个愿赌服输的人，而不是个只会抱怨不公的愤青。"

【职场哲学】

在岗位竞争的时候失利，的确是一件令人沮丧的事情，但这种负面情绪不能影响自己的理智，更不能影响自己在公司里的人际关系。案例中小张的反应，是大部分年轻职场人的缩影，但小张的领导及时为他指点了迷津。

向对方表示祝贺，并不是对方需要你的这份祝贺，而是要借着祝贺对方向公司其他同事表现出自己的大度，表示自己愿赌服输、服从公司安排。如果表现得垂头丧气，或是默默承受，会让旁人觉得你经受不住打击、心理承受能力太差；如果表现出不服不忿，不管对方是否有真才实学，都会让旁人觉得你太不成熟、难堪大用，那今后你的工作也会受到影响。

⑤ 如果竞争对手不能胜任，请不要得过且过

当你恭喜赢得岗位竞争的对手之后，也千万不要懈怠，比较成熟的职场人反而会在这个时候表现得更积极。一方面，要让领导和其他同事看到，你没有被这一次失败打倒，反而越挫越勇；另一方面，要等待时机，厚积薄发。

岗位竞争只是某一次的输赢，对方赢得这个岗位之后，并不代表他一定能够胜任。当然，我们不能抱着阴暗心理去期盼对方不能胜任，而是要始终保持积极的态度去应对一切。

【案例】

飞飞是一家公司的项目负责人，但本年度的重点项目他没有竞夺下来，输给了竞争对手大A。虽然项目组的下属们感到很惋惜，觉得

飞飞输得很冤枉，但飞飞倒不这么想，毕竟自己已经做了好几个年度重点项目了，可能公司的领导另有打算吧。紧接着，飞飞就拿下了几个小项目，也就开始忙活自己的项目去了。

又过了一段时间，下属对飞飞说，大 A 那边的项目进展不是很顺利。飞飞奇怪地问：他哪里不顺利啊？原来，大 A 是公司培养的新晋人才，也是公司高薪挖来的海归。然而大 A 在国外生活久了，对国内的生意场并不熟悉，很多大家习以为常的事情他根本就不知道。虽然大 A 有能力、有眼界，但他的方法在团队里很难推进。时间一长，客户就觉得不太满意。

飞飞不是个落井下石的人，大 A 能不能做成这个项目，他并不关心。没想到，第二周，领导就把飞飞叫进了办公室，提出要让飞飞去帮一下大 A，把项目推进下去。大 A 也没有了赢得年度项目时的意气风发，特别谦虚地请教飞飞，希望对方能够帮一下自己。听到领导这么说，飞飞并没有直接同意，反而说自己手头上有好几个小项目，也不能耽搁，现在再抽出时间做年度项目，很难做到。

领导似乎猜到了飞飞不会这么简单地同意，便说："这样吧，让你没名没分地纯帮忙也不合适。大 A 也忙活这么久了，直接把他撤职也不合适，不然大 A 还怎么在公司里继续工作下去呢？年度重点项目，大 A 对外还是主要负责人，但项目组内以飞飞为主。项目的奖金，我也做主了，飞飞拿 40%，大 A 拿 25%，其余的要分给其他各个成员。这样有没有意见？"

大 A 闻言立刻点头同意，飞飞见领导已经这么说了，便不好再推脱，只好说："领导，既然您都这么说了，我也不好再推辞了。这样吧，我先和大 A 好好沟通一下项目本身，再根据现在的情况制订一个具体的方案吧，到时候免不了要来麻烦您。"

　　就这样，飞飞在大Ａ不能胜任的情况下，依靠自己积极的工作态度拿下了年度重点项目。

　　【职场哲学】

　　机会都是留给有准备的人的，这里所说的"有准备"并不只是为了某个具体的项目做好的准备，同样也包含工作状态和心态的调整。

　　失败了，肯定会感到沮丧，但没必要摆出一副"天要塌了"的架势，那样在领导看来，最初会表示同情，之后就会觉得年轻人经受不住打击，最后就会觉得幸好当初没选他。

　　及时调整好自己的心态和工作状态，去迎接新的挑战，才能让领导觉得你是一个可以顶住压力的好员工。如果恰好对方不能胜任，你就是顶上去的最佳候选人。

第二节 升职的前提是做好职业规划

① 任何一个行业都有自己的职业规划

每一个成熟的职场人在进入职场后，都需要做一份详细的职业规划。很多人以为，所谓的职业规划就仅限于在某家公司能成为领导，其实不然，所谓的职业规划并非仅局限于一家公司。长远目标是要做到什么职位，达成什么业绩，最终进入行业内什么规模的公司。为了实现这个目标，我们可以把之前的公司当作跳板。

不可否认，很少有人能够在一毕业的时候就进入业内龙头企业，大多数人是从小公司、新公司开始做起，这些公司能够提供的眼界、平台，以及薪水都无法和大企业相提并论，但问题是，我们应该如何进入大公司呢？这就是职业规划的真正意义。

【案例】

小张毕业后满怀热情地踏入了市场营销行业。初入职场的他，像许多新人一样，对未来充满期待却又有些迷茫。

于是，小张给自己设定了长远目标，那就是在五年内成为行业内知名企业的营销总监，带领团队打造出具有广泛影响力的营销案例。

此后，小张积极参与各类项目，从市场调研、策划方案到执行推广，他都全身心投入，不断学习和掌握市场营销的各个环节。同时，他利用业余时间参加行业培训和研讨会，拓展人脉资源，了解行业最新动态。

经过两年的努力，小张的能力得到了显著提升。他看准时机，跳槽到了一家规模中等的公司。在这里，他有了更广阔的平台和更多的资源，负责的项目也更具挑战性。他带领团队成功策划并执行了多个区域范围内有影响力的营销活动，为公司带来了显著的业绩增长。

随着经验和业绩的积累，小张再次向更高的目标迈进。又经过三年的拼搏，他终于成功进入了一家行业内颇具规模的知名企业，并凭借出色的能力和丰富的经验，很快晋升为营销总监。

小张的职业发展历程充分证明，职业规划不应局限于一家公司，而是要有长远的眼光和清晰的目标。把每一家公司当作实现目标的跳板，不断积累和提升，才能最终实现自己的职业理想。

【职场哲学】

在制订职业规划的过程中，需要考虑很多现实的因素，包括自己能不能达到、业内的风云变化，等等。但还有一个重要原则，那就是适合自己，不拔苗助长，不违背初心。很多人在设定职业规划的时候总是好高骛远、脱离实际，那些都是行不通的。

像案例中的小张那样，通过充分了解自己的能力和兴趣，然后准确地制订出个人职业发展目标。

② 升职的本质是什么？是升值

在职场上，升职就代表着加薪，是公司在物质上给予的对等的工资和奖金。但这只是表象。升职的本质是升"值"，这里所说的"值"，指的是价值，是社会、企业给予一个员工的认可。

可能有人会问，这有什么区别吗？区别在于你能创造出什么价值，这种价值会成为职业发展的重要基石。比如，很多人在求职的时候，HR 总会问你的期望薪资是多少，你肯定不会随便说，而是要有根据地提。一般都是以在上一家公司的薪资为基础，在此基础上增加一小部分。新公司的 HR 如何认可呢？就是以你在上个公司创造的价值为标准，这种价值有可能是你的项目、你的口碑、你是否有继续学习的经历，等等。

【案例】

笑笑在一家公司做业务员。她工作很努力，获取了很多资源，拓展了很多渠道，也因为这些资源和渠道获得了领导的赏识。

几年之后，她也完成了结婚这个人生大事。于是就开始考虑是不是要开始备孕，她渴望做一个好母亲，但摆在眼前的是，如果她怀孕生子，一定会耽误工作，至少两三年之内都不用考虑在事业上有所建树了，就连现有的资源和渠道，都可能要交给别的同事去负责。她不甘心，毕竟这些资源和渠道都是自己当年一点点打通的，为此遭了很多白眼，磨破了嘴皮子才能获得一次向别人介绍的机会。

有一天，她正在刷手机，突然看到某个课程，觉得非常适合自己。如果学有所成，对自己的工作会有很大的帮助，不仅如此，今后还能多一个选择。于是，她报名开始学习。虽然学习不是一蹴而就的，但在学习过程中，她的职场焦虑也逐渐变小，很顺利地怀孕生子。

在长达四个月的产假中，笑笑一边调理身体，一边开始考试，抽空还要照顾小孩。等她重返职场时，公司已经把原先的资源和渠道都交给其他同事去负责了，但笑笑一点儿都不担心。因为在学习过程中她认识了很多同行，并且将他们拓展成了新的资源和渠道。那些同行看着她怀孕了还要学习，都特别钦佩，再听到她介绍自己的公司和项目，都表示很感兴趣。

领导看到笑笑回来了，露出为难的神情，觉得那些老渠道交给别人了，也不好再让同事交回来，可如果不交回来，笑笑这边怎么办呢？没想到，笑笑先声夺人，说那些老渠道和资源几乎已经饱和了，现在都是常规维护，已经无法再创造多余的价值了。但是没关系，自己趁着备孕和生产的这段时间参加了一个课程，认识了很多同行，大家可以进行新的资源互换。领导表示佩服，称赞她工作生娃两不误。

【职场哲学】

案例中，笑笑利用自己备孕生产的那段时间去充电，学了新知识，认识了新朋友，实现了升值。作为职场人，即便已经参加工作，也不要忘了及时充电。

现如今，有很多途径可以学习，各种 App 也能在线观看课程，尽管有些是碎片化的学习，但也有助于我们及时掌握行业走向。线下课程有助于我们结识新的人脉，尤其是针对各个领域的课程，参加的人都是所属领域里的同人，更容易完成资源置换。除此之外，还有很多途径，比如拓展自己的赛道，学习新的技术，也可以让自己增值。

❸ 能力越大，责任越大

职场上的机遇瞬息万变，很多公司也曾遇到过各种危机。在机遇和危机面前，谁能站出来，谁就能在公司站稳脚跟，继而升职加薪。

可能有人会问，难道在机遇面前，还会有人退缩吗？当然！一个机会，积极的说法是机遇，消极的说法是危机。如何应对，需要职场人有能力也有担当。二者缺一不可。有能力没担当，会在这种关键时刻产生退缩心态，领导自然就能看出你难堪大任；有担当没能力，在这种关键时刻只能做无用功，甚至是拖后腿，领导最终只能感叹你有心无力。唯有有能力又有担当的人才能勇敢地站出来，力挽狂澜。

【案例】

明英宗朱祁镇因土木堡之变被瓦剌大军俘虏，瓦剌大军顺势挥兵南下，直逼北京城下。此时，明朝的朝廷已经乱作一团，很多大臣都向皇太后建议，不如迁都南京吧，借此来保存实力。一边说瓦剌大军多么可怕，一边说效仿南宋是最好的方法。

就在这个危急时刻，于谦站了出来，厉声呵斥了主张南迁的大臣，认为他们是贪生怕死，置大明王朝的百姓于不顾。其他大臣问他："既然你不同意南迁，那你说该怎么办？"于谦坚定地说："死守北京。"其他大臣又说："怎么守？北京城内就这么点儿兵马！"

于谦说："既然明英宗已经被瓦剌抓走了，那我们就将明英宗立为太上皇，让明英宗的弟弟当皇帝，这样明英宗对于瓦剌而言就没有了利用价值。虽然兵力不多，但运用得当是没有问题的。"皇太后看到于谦如此胸有成竹，就决定按照于谦说的做。就这样于谦被升任兵部尚书，负责北京保卫战。

于谦是一位文官，但也曾读过兵书，知道保卫战的重点是要守住城门。于是，他派遣都督孙镗、卫颖、张辄、张仪、雷通分兵据守九门重要的地方。很快，瓦剌大军就兵分三路攻了过来，于谦下令，谁敢退，杀无赦。将士们看到一介文官都这么有气魄，再想到在土木堡之变的溃败，也都燃起了熊熊斗志。

北京保卫战的结局是明军大获全胜，瓦剌被击退。而于谦通过这一场保卫战，成为明代宗最倚重的大臣，挽救大明王朝于危难之时。

【职场哲学】

很多职场人会认为，我不过是一个最普通的打工人，怎可能像案例中的于谦那样呢？作为一名普通人，我们当然做不到像于谦那样的丰功伟绩，但我们要在心里树立一个信念：当机遇或危机来临时，首先要做的就是认真评估自己，审时度势地做出最正确的决定。

如果我们有能力，那就勇敢地承担起责任来。在新冠肺炎疫情暴发初期，正是因为有无数医务人员勇于承担，才能用最短的时间、最小的代价打赢"武汉保卫战"。

如果我们没有那么大的能力，那就按照自己的实力做好力所能及的事情。比如新冠肺炎疫情暴发初期，很多普通人也选择站了出来，有的去做志愿者接送医护人员，有的提前到岗，确保口罩等防疫物资迅速开始生产。

因此，能力越大，责任越大，反之，能力不大，那就做好力所能及的事情。当我们和公司或企业共渡难关、拿下机遇之后，获得的不仅仅是领导的器重，还有来自这份职业的成就感。

④ 让合作伙伴都认可自己

能力就好比是口袋里的宝贝，在需要的时候拿出来用一用。如何让别人知道自己有能力呢？业内口碑可以成为你的金字招牌。

我们经常能看到，有些人总是在名片上印上一串称号，又或者是在微信备注里写上一串称号，作用都是要打造属于自己的招牌。然而，再多的称号都不及合作伙伴的称赞。

【案例】

冬梅原本是一家家政公司的月嫂，后来通过应聘，来到一家高端的月子中心做月嫂，实现了工资翻倍的梦想。她只是一个从技校毕业的护理专业的学生，以她的学历，想要进县级医院工作不容易，于是她另辟蹊径，直接去做了月嫂。

最开始，同学们都很不理解她的选择，觉得月嫂听起来没有护士体面，但冬梅相信，月嫂更能赚到钱。因为冬梅有一定的护理基础，家政公司也以此作为卖点，让原本因为冬梅太年轻而犹豫的家庭最终选择了她。

冬梅虽然只是技校毕业，但是通过自学，对怎么照顾婴儿、怎么照顾产妇很有方法。第一个客户的护理期结束后，宝妈为了表达自己的感激，还给冬梅准备了一个大红包。然而，冬梅拒绝了红包，而是希望宝妈能够抱着孩子和自己合影，并在照片背后写上自己的感受。

　　紧接着，第二个、第三个家庭，冬梅坚持用这种方式：如果雇主对自己的工作很认可，就请和我拍张照片，在照片背后写上要对我说的话。很快，冬梅就积累了很多张雇主充满感激的照片。

　　后来，冬梅看到某家高端月子中心在招聘婴儿护理员，虽然要求必须是大专学历，但她还是投了简历，并且把自己的相册集放在简历里面。按照原来的招聘门槛，冬梅是没有机会去面试的，但招聘负责人看到这么一份特殊的简历，觉得冬梅是一个很用心的月嫂，便给了她面试的机会。

　　在面试时，冬梅表现得很专业，虽然学历不高，但是基础知识扎实，再加上既往雇主的肯定，她最终成功通过面试。

　　【职场哲学】

　　合作伙伴的认可、同事的认可、领导的认可，是每个职场人最应该追求的事情。正所谓"金杯银杯不如顾客的口碑"，虽然我们不是商品，但是我们的能力如果能够得到对方的认可，尤其是业内资深人士和客户的认可，那它的含金量可比奖金要高多了。

　　而且，客户的口碑也能够得以长期推广，比如，一个项目成功了，它只有一笔奖金，但如果同时获得了客户的认可，这会在自己的人脉圈里进行传播，那它的价值一定远超过那笔奖金。

⑤ 努力拓展自己的业务

　　毫不夸张地说，很多职场人在工作面前，永远都是在消耗自己，如果不积极拓展自己的业务，提高自己的本领，很容易被淘汰。

　　这就好比在打游戏，血槽就代表着我们的能力，经验值就是恢复血槽的动力。血槽恢复得越快，就代表你的竞争力越强，如果血槽恢复的速度赶不上你的消耗，你的竞争力自然就无法支撑你再继续竞争下去。

除了刷经验副本，还能有什么其他方式让你快速回血呢？那就是拓展业务。这就相当于你单独开了一个全新的赛道，拓展的业务越多，赛道越多，自然回血的速度也就越快。

【案例】

艾利是一家公司的营销人员，最开始他擅长的是在微博、微信等渠道，通过文案、视频等方式推广自己公司的产品。在微博、微信处在风口的时候，他依靠自己的运营做出了很多成绩。但是，随着微博和微信的饱和，他在这个领域里继续耕耘几乎无法收到回报。

公司在运营人员的培养上，一直都是××负责这几个渠道，××负责那几个渠道，这样做相互都不影响，还能很好地计算各自的数据。前几年，艾利也很满足于这种分配。后来，他开始思考，是不是能够拓展出新的渠道呢？他找到领导，说出了自己的想法。领导很高兴艾利有自己的思考，便说："那你去拓展吧，不过公司前期不会投入很多推广费用，所以你可以先做尝试，如果有结果了，公司一定会支持你的。"

拓展渠道，说起来容易，做起来却很难。每个平台都有自己的一套规则，而且每个渠道最合适的拓展方式也不一致，有的要求图文结合，有的要求剪辑视频。艾利原本只会做PS，但是为了能拓展短视频平台，也开始自学剪辑，把产品放到抖音平台。

这两年，某平台突然成功崛起，正好它的定位和公司的产品受众群体高度吻合。艾利看到这个机遇，连忙创建公司账号，并且加班加点总结了公司的所有产品特点并制作文案，完成了基本营销搭建。后来，他又联动了抖音、微博、微信等账号，在该平台上推出了爆文。

领导看到艾利的市场敏锐度很强，并且拥有出色的执行力，便将艾利提升为运营总监，负责统筹规划每个运营账号，并将更多的精力放在拓展运营途径上。

【职场哲学】

任何一个职位都有自己的上升通道，但上升通道并不仅局限于你只在这个单一领域里表现好，也可以多点发散。像案例中的艾利一样，如果拥有的渠道已经趋近于饱和，可以直接开辟新赛道，也能弯道超车。

在职场上，最重要的是不要沉溺在过去的成绩里，而是要努力向前看，抓住时代的风口。同时，也要让"活到老，学到老"这句话贯穿自己整个职业生涯，只有这样，才能永远不被社会淘汰。

第八章

带团队，
就是带人心

第一节　拿出领队的样子

① 小团队中不要再出小团体

在知乎上，曾经有这样一个问题：如何处理公司中的微信小群。提问者说：公司有一个大群，各个部门有自己的部门群，然后又根据每个人负责的项目建立了项目群。这样还不算完，有时候项目进行得不顺利，项目群里还会衍生出若干个抱团吐嘈的小群，有人在里面发牢骚，该怎么办？

这是一个非常现实的问题，也是在职场上很常见的现状，小团体的出现往往会影响企业风气，随着时间的推移，可能会演变为派系斗争，严重影响公司的正常运营。作为领导，应该如何避免小团体的出现呢？

【案例】

王倩被猎头公司抛来了橄榄枝，来到一家公司任职部门经理。刚入职没多久，她就发现这个部门里"各立山头"，有好几个小团体，常常为了争抢项目而产生矛盾，不仅如此，就连日常工作中，各个团队的成员也都表现得不甚友好。

她也曾向大领导反映过这个问题，但无济于事。经过一番调查她才了解到背后的原因：原来的部门经理管理松散，每次有项目都是让员工自行组队，时间长了就形成了一个小团队，慢慢地演化成了小团体。

随后，她先找到每个小团队的"主心骨"，对每个人都推心置腹地说："公司之所以挖我过来，是觉得你们已经固化了，缺少创新性，如果你们还是不能有所改变，很有可能会被'优化'。"王倩看出了几人神色有些慌张，继续说道："既然是嫌弃你们固化了，那你们就先从组队模式开始做出改变。"主心骨们听完之后，推诿说要去和其他同事商量一下。

过了几天，有几个人已经松口了，但还有两个人坚持说自己的小组没有问题，不能更换。王倩知道谁有可能被攻克，谁比较固执。之后，她先是让同意的人再次组队，并且给他们分配了新的工作任务。而不愿意打破组队的人就先不分配工作。没过几天，就有人坐不住了，找到王倩表示自己愿意服从分配。于是他们被王倩随机分配到已经成立的新小组内。

就这样过了一段时间，原本互不理睬的同事之间消除了隔阂，公司里原本冷冰冰的气氛也逐渐热烈起来。趁着一次公司例会，王倩公开表示："你们看，组成了新的小组，就给整个部门带来了新的活力，彼此之间也都增加了了解，这样不是很好吗？固定的小组模式，的确令组内人员相互之间更为信任、团结，但是人长时间待在舒适区，会在一定程度上影响创新性，这可是打工人的大忌。今后，我们要每隔一段时间就打破小组，重新分配，优化选择。"

王倩的方式很直白，通过警示员工如果不做改变就可能会被"优化"来给他们施压，让员工重新进行组合，打破隔阂，融入新活力。

【职场哲学】

团队的组合模式如果与工作能力相匹配，并不会引起领导关注，因为那是最优的组合模式，反而以私交组成的小团队才是领导关注的重点。很多时候，这种小团队特别容易滋生矛盾，甚至排除异己，形成不良的职场风气。

在打破小团体的时候，领导不能过分强硬地指责下属搬弄是非，而是要用"优化""创新"等理由，站在公事的角度，让他们自动解散。

② 带团队要有魄力和担当

老话说："兵熊熊一个，将熊熊一窝。"意思就是作为将领，要有魄力、有勇气、有担当，这样才能带出优秀的士兵。这句话所蕴含的道理放在带领团队上同样适用。

有的领导性格温吞，遇事犹豫不决，并且在处理事情的时候总是思前想后，始终拿不定主意，如此手下的员工就更不知道自己该做什么了。这样的团队还能做出什么成绩呢？

有的领导遇事果断，敢于出手、敢于接受挑战，甚至敢于失败，具有大不了从头再来的气魄。这样的领导带领的团队虽然也会经历很多坎坷，但最后一定会成功。

【案例】

王强是一家科技公司的创始人。在公司成立伊始，王强便定下了目标：在一年内研发出一款能够颠覆行业的智能语音助手，与市场上的巨头竞争。当王强在公司会议上宣布这个目标时，团队成员们既感到兴奋，又充满了担忧。毕竟，他们面临着技术难题、激烈的竞争和时间上的压力。

王强展现出了非凡的魄力。他毫不犹豫地投入了大量的资金用于研发，还从行业内挖来了顶尖的技术人才。面对一些成员对如此大规模投入的质疑，王强坚定地说："如果我们现在不全力以赴，就永远没有机会在这个领域占据一席之地。"

在研发过程中，团队遇到了一个关键的技术瓶颈，算法的优化始终无法达到理想的效果。就在大家感到沮丧和迷茫的时候，王强挺身而出，承担起了寻找解决方案的责任。

他亲自与技术团队一起日夜钻研，查阅大量的国内外研究资料，与行业专家进行深入交流。同时，他鼓励团队成员不要害怕失败，大胆尝试新的思路和方法。他说："失败并不可怕，可怕的是没有勇气去尝试。只要我们不放弃，就一定能找到突破的方法。"

在王强的鼓舞下，团队成员们重新振作起来，经过无数次的试验和调整，终于找到了创新的解决方案，成功突破了技术瓶颈。

但就在项目即将进入测试阶段时，公司的资金链出现了问题。投资者对项目的进展速度表示不满，不愿意继续追加投资。王强没有被这个困难吓倒，他一方面与投资者进行坦诚的沟通，详细阐述项目的前景和潜力；另一方面，他甚至抵押了自己的房产，为公司筹集到了关键的资金，确保项目能够继续推进。

在王强的带领下，团队成员们备受鼓舞，更加努力地工作。终于，在规定的时间内，他们成功研发出了智能语音助手。这款产品在市场上引起了巨大的反响，获得了用户的高度评价和认可。王强的公司凭借这款产品迅速崛起，成为行业内的一颗新星。

【职场哲学】

领导带领团队时，需要展现出一种气势，因为什么样的领导往往会塑造出什么样的团队。很多领导没有这种意识，总觉得带团队无非就是统筹规划一下，但实际上领导应该成为团队的领头羊：把握好方向、做好决策，将计划落到实处、平衡员工，等等。

如果一个领导不能承担起领头羊的角色，没有团队担当，那么整个队伍就会变得群龙无首，犹如一盘散沙；如果一个领导没有魄力，那么整个团队就会变得死气沉沉、得过且过，遇到挑战就畏畏缩缩。

所以，作为领导就要具备"狭路相逢勇者胜"的精神，遇到挑战就应战，遇到困难就解决困难，带领团队朝着一个目标勇敢前行！

⑨ 大家都获利，才是团队获利

在职场里，什么时候最让打工人高兴？自然是发工资和奖金的时候，即便是领导也不例外。但工资和奖金不一样，工资是固定的，奖金则是某一段时间工作表现的具象化。做得好，奖金就高，做得不好，奖金就少，甚至压根儿没有。

作为一个项目或部门的领导，如何让整个团队都获利，是一件非常考验领导水平的事情。每个部门员工的能力参差不齐，有的是业内资深人士，有的是职场新人，奖金数额自然也不相同，如何分配才能让大家都满意呢？

【案例】

李哲在担任部门领导的时候，整个部门有十几位员工，其中，有三位是能力特别突出的业务员，有四位是经验丰富但没有资源的业务员，其他几位是刚刚入职或是历练时间很短的新人。

公司制定的部门任务是完成一定份数的签单，如果把任务平均分配给每一位业务员，只有三位能力突出的员工能够顺利完成。李哲思来想去，便找来那三位员工，和他们开诚布公地讲了自己的想法。

他考虑到这三位是业内资深人士，手上有很多资源，但不是每一个资源都能被充分利用，不如把这些没能发展下去的资源分配给经验丰富但没有资源的同事。如果这三位员工同意，那么其他业务员签单成功后，就会从签单利润里划分出20%给他们，算在他们的业绩上。对于其他新人，七个老员工每个人负责带一个，主要是帮助他们拓展资源、发展关系。同样，如果这些新人也签单了，利润也会分给老员工30%。这三位老员工想了想，觉得这个方法可行，便同意了。

于是，李哲立刻召集了部门会议，告诉所有成员这个工作计划，并着重强调：完成任务是目标，但更重要的是要让所有人都向资深人士取长补短，争取把每一位员工都打造成业内资深人士。

就这样，整个部门都"动"了起来：三位资深人士为了能够获得更多的利润，积极拓展渠道；四位经验丰富但没有资源的老员工拿到资源后，也准备充分，和客户谈判；新人为了能够尽快适应，也努力向外拓展业务，并积极向带领他的前辈请教。

一年下来，整个部门不仅完成了业绩，还超额完成了10%，获得了公司发放给"优秀团队"的奖金。李哲按照每位员工的付出，分发了奖金，谁也没被亏待。

【职场哲学】

很多人把"获利"只局限在奖金上，这未免过于狭隘。"利"不仅包含奖金，也包含了职业前景和能力的提升。在案例中，李哲聪明地把"利"摆在明处：资深人士拿出未被利用的资源去置换直接的利润；没有资源的老员工用利润换取资源；新人同样用利润换取快速进入工作状态、找到工作方向的捷径。每个人都得到了自己想要得到的，也就是获得了"利"。

领导的作用，就在于把所有的资源进行整合，使员工个人获得更多的奖金或是获得能力的提升，进而让整个团队得到进步，这才是最好的获利。

④ 公事公办，切勿把私交当作考量标准

很多领导在给团队成员分配工作的时候，通常会感到头疼，因为要满足不同员工的诉求：有些老员工因为与领导私交不错要求被照顾，有些职场新人需要历练要求给机会，有些老实人不能被忽视需要得到妥善安排……分配工作看似简单，实则不然，如若分配不当后续会影响员工个人利益乃至整个团队的业绩。

那么，该如何分配工作才妥当呢？不可否认，每个人都有自己的情感偏好，领导也不例外。但领导不能纯粹按照自己的情感偏好行事，对待员工不能厚此薄彼，要努力做到一碗水端平。

【案例】

历史上，有很多不徇私情的典故，主要是描绘官员身居高位，

但在处理事情的时候秉公办理，不徇私不枉法的事。唐朝有个官员叫裴光德，他在宰相府里担任职务，算是宰相身边的红人，专门为宰相办事。

有一天，他有个好朋友专程来拜访他。这位朋友也是个当官的，只是官职较低。有朋友来访，裴光德很高兴，热情款待了他的朋友。酒过三巡，菜过五味，朋友支吾着说出了自己的来意：看到裴光德现在被宰相器重，希望他能在宰相面前美言几句，让宰相把自己也调到京城来做官。

无论在哪朝哪代，京城里的官员都更有发展前景，上升的速度也更快。裴光德一听，连忙摆手说："我知道你有能力、有才华，如果按部就班地做业绩，也能一点点提上来。但如果现在我因为和你私交好，就去求宰相大人，把你调入京城，今后即便你做出了成绩，也会说你是依靠宰相的照拂。这样既不利于你的前景，也不利于宰相大人。我不能这么做。"

朋友闻言，也觉得非常羞愧，就再也不提这种请求了。

【职场哲学】

作为领导，在公事上应该做到公事公办，尤其是不能把私交作为考量的标准。不可否认，每个领导都有自己的心腹，或者说更信任、更器重的人，但是这份信任和器重应该建立在员工的能力上，而不是建立在私交上。

可能有的领导觉得抹不开面子，毕竟与某些员工私交很好，工作上不照顾点儿说不过去。然而，这种照顾很有可能会害了自己、害了下属，也害了整个团队。如果这位与领导私交好的下属能力强，他所获得的成绩也会因为这份照顾而大打折扣，被其他人看作"关系

户"；如果与领导私交好的下属能力不强，德不配位，很容易给团队
制造麻烦，最终引发其他员工的抱怨，并质疑领导的威信。

当然，这并不是说领导对下属就不能照顾，而是说这种照顾应该
体现在日常工作中，并且要做到一碗水端平。比如，有的下属家里出
了点儿事儿，可以适当地减轻点儿工作量；有的下属生病了，要给予
他充分的休息时间。这种照顾，不至于影响工作进度，还能展现出领
导的人文关怀和领导水平。

⑤ 不要过分纠结谁对谁错

在公司内部，员工之间难免会产生一些矛盾：有的是因为项目分
配不公平，有的则是因为工作出错后的责任归属。这是两个最容易引
发矛盾的原因，尤其是后者。

在工作中谁都不能保证不犯错误，但有的失误并不是某一个人
的问题，这就容易造成互相扯皮。作为领导，该如何处理呢？最常见
的解决方式是各打五十大板，看似解决了，实际上根本没有解决。要
处理这一难题，首先要求领导一定要站在公正的立场上，但如果不能
保证处理结果公平公正，此时就要求领导摆出高姿态，不强调谁对谁
错，只强调因失误造成的问题是不是解决了。

【案例】

王宇是一个部门领导，在他的带领下，整个部门都非常和谐，没
有出现过任何一起员工吵架、争功、甩锅的事情。他在刚刚上任的时
候，就曾经给所有员工表明了自己的工作原则：有能力的领导是遇到
问题解决问题，没有能力的领导才会遇到问题就解决制造问题的人。

最开始，也有员工没能弄明白王宇的办事风格，因为一件事情闹到他面前，被他当成了典型。那天，组员A发现，原本应该在今天交给客户的项目书到了中午还没有制作好。这个项目是组员A负责的，但他已经完成了所有数据、文字等前期准备工作，在上周末就交给了组员B，让他完成方案的美化工作。但是组员B坚持说，组员A没有告诉他这份项目书什么时候要，其他组员的项目书都有明确的完成时间，他就优先做其他方案了。两个人为此争执起来。

王宇把他们叫进了办公室，问道："你们这么吵下去，就能在今晚把项目书交给客户了吗？"组员A说："我已经预留出了三天时间，谁知道B掉链子。"组员B说："下午我赶赶工，大概晚上七点能完成。"王宇说："那B你先去做方案吧。"然后嘱咐组员A，让他下午定个好一点儿的饭店，约客户晚上七点吃饭，边吃边聊。这样，下班之前就不用赶着把项目书交给客户了，可以吃饭的时候直接交给客户。

组员A听完，还有点儿不服气，嘟囔道："明明就是B的失误。"王宇语重心长地对他说："制作一份项目书需要你们双方的配合，难道你认为只是在发送内容的时候跟B说一声就完事了吗？你是项目负责人，周三需要交给客户的文件，周二你不就应该和B确认一下吗？如果内容上还有修改呢？这件事情你也是有责任的。现在最重要的是能在最短的时间内先解决问题，明白了吗？"

开例会的时候，王宇在未直接点出姓名的情况下分享了这件事情，并再次强调了自己的办事原则："我是来带领大家完成工作的，不是来判断谁对谁错的，无论发生什么事情，我们都先把对错放在一边，要先解决问题。如果问题解决得好，对错也就不那么重要了。"

自此之后，整个部门的员工都知道了领导的脾气，再也没有因为推卸责任而发生争执了。

【职场哲学】

领导的主要目标是带领员工努力攻克项目、完成业绩，看重的应该是问题是否能得到圆满解决，而不应该执着于当裁判，判断谁对谁错。

如果领导过分执着于谁对谁错，那么员工稍微出现点儿错误，就会急于推卸责任，既不利于团队团结，也不利于员工成长，更不利于项目本身。那为何还要过分纠结谁对谁错呢？

当然，这不是说领导什么时候都不分对错，而是要做到抓大放小。有些能够及时调整过来的小错误，完全没必要抓着不放；但对于那些影响团队士气、影响完成任务的大错误，则要及时解决。

第二节　阐明目标，别让团队做无用功

① 不用假装忙碌，让大家少做无用功

一个成功的领导，是要带领团队完成年度KPI、要合理分配项目、要统筹各个成员的工作，等等。但还有一点被很多领导忽视了，那就是别让员工做无用功，而应该让员工明确自己的工作内容、工作方向和预期的工作成效。

很多职场人都曾经有过这样的错觉：不知道自己在忙什么，但就是非常忙，很多工作做到最后没了下文。造成这种情况的根本原因是领导交代工作时，没有让组员明确自己要做什么、往哪个方向努力，最终导致做出的结果不符合预期，白忙活一场。

如果只是偶尔出现上述情况，组员们还能理解，但次数多了，他们也会抱怨，继而质疑领导的统筹能力。

【案例】

陈琦在一家公司工作了很多年，今年终于得到了大领导的赏识，将她升职到项目管理岗位。陈琦觉得，这是一次职场跃升的好机会，一定要好好把握。

公司对于每个项目负责人都一视同仁，制定了统一的考核标准。为了完成考核，陈琦天天要求自己的组员制作计划表，然后又提出各种意见，再做修改。就这样过了几周，真正的考核指标没完成多少，但制作的计划表不知作废了多少份。

很快，大领导就找到陈琦，询问她考核指标完成滞后的原因。陈琦也正在为此苦恼，她说："公司给每一个项目组都制定了考核标准，我认为需要让组员也参与进来，一起制订完成考核标准的计划。"大领导一听，笑着说："小陈啊，我知道你刚刚被任命为项目负责人，比较着急出成绩，但你的做法欠妥当。这样吧，你去找其他项目负责人取取经，看看人家是怎么一步步完成年度考核的。"

在领导的建议下，陈琦向其他项目负责人取经学习，这才明白，原来考核标准并不是依靠计划书平均分配的，更不能只埋头做计划书而忽略了项目本身。在此之后，陈琦也真诚地向组员道了歉，表示自己刚刚担任项目负责人，还有很多不足之处，这段时间因为自己的失误让大家做了很多无用功。组员们接受了陈琦的道歉，陈琦开始重新分配工作任务，大家很快就完成了考核指标。

【职场哲学】

领导的威信并不是来源于职位本身，而是建立在领导一次又一次带领团队取得的成果上。但很多中层领导总是错误地认为：既然大领导让我做了中层管理，我就必须让大领导看到，在我的带领下团队成员每天都干劲儿十足，忙碌而充实。

然而，没有目标的前行就像无目的的漫游，没有目标的忙碌也不过是徒劳无功。作为中层领导，不仅不能把组员的忙碌视为业绩的唯一标准，更要合理规划避免让组员做无用功。作为领导，必须把公司制定的任务目标研究透彻，并且区分出长期目标和短期目标进行合理分配，每个组员的目标不是为了"忙碌"，而是追求效率。

② 目标一致，才能共同发力

任何一个团队都需要一个明确的目标，这个目标可以是长期的，比如今年要完成多少利润，也可以是短期的，比如攻克某一个项目。作为领导，需要在特殊时间节点强调短期目标的紧迫性，在日常则需要强调长期目标的全局性，让整个团队的成员都保持积极性。

有些领导只会强调短期目标，尤其是在项目即将收尾的时刻不停地催促组员。一旦项目结束，领导就以为万事大吉了。然而完成了短期目标，组员无法将积极性持续下去，领导就只能靠"打鸡血"式的鼓励来凝聚团队。

有些领导只会强调长期目标，但这种方式所形成的鼓励极为空洞且毫无效果，因为在组员看来，长期目标的规划更像是"画大饼"，又因其缺乏紧迫性而无法激发团队的行动力。

【案例】

　　小吴是一家工厂某条生产线的负责人，由他带领的团队已经连续几年成为工厂里利润最高、任务完成度最高的队伍。每年春节过后，很多条产品线连员工都招不齐，但小吴的生产线却早已满员，他队伍里的所有人都知道其中原因：每次春节放假前，小吴都利用工厂制度，大力推行"一带一"的模式，如果工人年后不能继续回来上班，可以推荐一个人来顶替自己的工位，以获得推荐奖金，这样就能度过年后的用工荒。

　　开工第一天，小吴就会召集所有组员开会，制订今年的长期任务和短期任务。因为工厂员工的文化程度不高，小吴就用他们都能听得懂的方式说："今年我们这条产品线要完成××的任务额，也就是做出×××个商品。不用担心，我们已经获得了第一笔订单，需要在二十天之内完成××个。如果都是这种数量的订单，我们需要做完×单。放心吧，完成一单生意，我就会去向领导申请几天假期，让大家玩个痛快。但是，想要假期的前提就是我们齐心协力，把眼前的订单赶出来。"

　　偶尔会有组员质疑，这么多订单，能做完吗？能一直有订单做吗？小吴会告诉他们："咱们工厂的订单是源源不断的，但和咱们竞争的团队也有几个，如果我们不能保质保量地完成，下一个订单就会被其他组拿走，那我们大概率就无法完成任务额了。所以我们的目标是，二十天突破一单，休息两三天，继续下一单。这样循环往复，就一定能完成年度目标。公司规定完成年度目标的奖金是月薪的双倍！"

小吴的激励方式很简单，通过短期目标的累计，进而完成长期目标，并且明确完成长期目标之后获得的报酬。因此，小吴的生产队成了厂子里工作最卖力、业绩最好的团队。

【职场哲学】

如何设定目标，如何让整个团队的成员都认可这个目标，需要领导发挥智慧。很多公司都会在年初制订年度计划，然后按季度分配，在年中和年底两个时间节点进行归纳总结和及时调整。

聪明的领导会让整个团队的成员都参与进来，使他们对任务本身有一个明确的认识，也能对团队产生强烈的归属感。除此之外，如果目标有什么不合理的地方，也能让组员提出来，再进行合理的调整。

⑨ 分工合理，让所有人都发挥优势

分配工作，是领导的重要职责，不同的分配方法会得到不同的结果。优秀的分配方式，是让每个员工做自己最擅长的部分，自然能达到事半功倍的效果；中等的分配方式，可能掺杂了人情，但总体还能保证让每个人发挥所长，基本能够完成任务；较差的分配方式，是完全按照领导个人喜好，并不考虑员工所擅长的部分，或许最后勉强完成了任务，但组员们心里未免会觉得未被重视而感到郁闷。时间久了，队伍就散了。

不可否认，领导在分配工作的时候，会有自己的考量：××跟随自己的时间更长，更值得信任；××是大领导高薪聘请的，更被大领导赏识；××和对接的客户更熟悉……但这种考虑关注更多的还是人情方面，而不是根据工作本身。

作为领导，更应该站在下属的工作能力上去考虑问题。这么做不仅能够保证项目本身的进度和质量，也能使领导在下属心中树立起"分工合理""公平公正"的好形象。

【案例】

陈丽是一家装修公司的项目负责人，管理着好几位资深设计师，还有配套的装修团队。她升入中层管理的位置已经几年的时间了，但从未听说她和设计师之间发生过矛盾，甚至有几位资深设计师放弃其他同类型公司抛来的橄榄枝，就愿意跟着陈丽。

因为陈丽负责的项目完成得又快又好，获得客户的高度认可，陈丽被公司评为"最佳团队带领人"。在年会上，大领导专门请陈丽上台分享获奖心得。陈丽的一番话才让所有人明白了她为什么能成功。

平面设计师都有各自擅长的领域，有的设计师擅长走田园风，有的设计师擅长做欧美风，有的设计师对颜色把控特别准确，擅长打造现代风。陈丽从一开始就摸清了手下所有设计师的风格和喜好，并且培养了一位比较外向的新人专门负责与客户沟通，了解客户的风格和喜好以及他们关注的重点。每次接到新项目后，陈丽都是按照客户的喜好分配给合适的设计师，并让新人事无巨细地把客户关注的重点告诉设计师。这样一来，设计师完全是在自己擅长的领域里，按照客户的要求进行个性化定制服务，又怎么可能不受到好评呢？

【职场哲学】

不怕下属有野心，就怕下属寒了心。分配工作如果是从实力出发，下属即便有什么怨言，也只能自认实力不够。但如果掺杂了人情，即便下属实力有所欠缺，也不会将原因归结于自身，而是认为领导没有按照最佳方式进行分配。

何为分工合理呢？有一个重要原则：让员工做他擅长的事。比如，××和×××的职位都是软件工程师，但××更擅长做技术，×××更擅长做设计，就按照这个区别做好分工；××擅长做事情，×××擅长搞公关，那就让××负责实操，×××负责去做外联，以保证××的实操顺利进行。

④ 松弛有度，团队走得更长久

不知道从什么时候开始，内卷成为很多行业的主流思想，很多领导恨不得下属成为一台精密的机器，二十四小时连轴转才能表现出其敬业精神。这是一种非常错误的思想，人不是机器，需要休息、需要调节、需要劳逸结合。

如果长时间处在神经紧绷、高度集中的状态，不仅不利于身体健康，也无法确保工作能够顺利进行。作为领导，要做好时间统筹，也要在适当的时候组织下属进行娱乐活动，帮助他们放松心情，增加团队凝聚力。

【案例】

老张是一家互联网商公司的老总。他认为，只有员工长时间高强度工作，才能在激烈的竞争中立足。为了快速提升公司业绩，他经常占用员工的休息时间，甚至在项目紧急时还会有通宵加班的情况。

起初，员工们为了公司的发展和个人的前途，都咬着牙坚持。然而，随着时间的推移，问题逐渐显现出来。员工们因为长期的神经紧绷和高度集中，身心疲惫，工作效率开始下降，错误率也不断上升。

·负责重要项目的小李，由于连续的高强度工作，在一次关键的业务操作中出现了重大失误，给公司带来了不小的损失。

老张开始反思自己的管理方式。他意识到人不是机器，需要休息、调节和劳逸结合。于是，他重新规划了工作时间，合理分配任务，避免出现过度集中和紧急的情况。同时，他也开始关注员工的工作状态，不再单纯以工作时长来衡量员工的贡献。

为了帮助员工放松心情，老张定期组织各种娱乐活动。每个月会有一次团队聚餐，大家可以在轻松的氛围中交流沟通。每逢季度末，他会组织员工们一起进行户外拓展活动，如登山、露营等，增强团队的凝聚力。

在一次户外拓展中，员工们在相互协作中完成了各项挑战，增进了彼此的了解和信任。回来之后，大家的工作积极性明显提高，团队合作也更加顺畅。

老张还在公司设立了专门的休息区域，配备了舒适的沙发、按摩椅和一些娱乐设施，让员工在工作间隙能够得到充分的放松。

经过一段时间的调整，公司的氛围焕然一新，员工们的工作效率和质量大幅提升，团队的凝聚力也更强了。老张深刻地认识到，作为领导，做好时间统筹，关注员工的身心健康，才能让团队更有活力，使工作更加顺利地进行。

【职场哲学】

有很多行业的从业人员都面临着旁人难以想象的辛苦，有的是精神上的压力，有的是体力上的付出，无论如何，人都是需要调节的。想要带好一个团队，中层领导就不能把关注点只放在项目本身，也要关注项目的执行人，也就是真正干活的人。

有一些中层领导会说，我平时也组织团建，但是下属都觉得这种团建耽误他们的休息时间反而抱怨连连。其实，这就是没有弄明白松弛有度的真正含义，用错了方法。让员工放松一下，可以是精神上的，也可以是体力上的，方法越简单越有效。

案例中，老板通过增强团队凝聚力、改善团队合作，及时发现和解决问题，确保每个员工都朝着共同的目标努力。通过这些管理方式，老板不仅能提升员工的满意度和积极性，还能带动企业整体效率的提升，为企业的发展注入新的活力。

此外，老板还为员工提供充足的休息和娱乐时间，放松员工的精神压力，显著提升了他们的工作积极性和效率。

⑤ 适当示弱，别总摆着领导的架子

很多人做了领导之后，总觉得自己是负责管理下属的，要让下属服从，所以在言语上更多使用的是"命令式"的词汇："我是领导，你得服从""我吩咐你做什么，你就去做什么"，等等。

然而，所谓的领导，顾名思义，是带领一个队伍前行的向导。如果领导总是摆出一副高高在上的架势，无异于是把自己和下属隔离开，又怎么能带领团队呢？又何谈"团队是一个整体"呢？

领导要有领导的艺术。一个好的领导是可以和下属肩并肩共同奋斗的，意在增加团队凝聚力；一个好的领导是能拉下脸面给下属争取利益的，意在激发下属的进取心和忠诚度；一个好的领导是懂得向下属示弱的，意在让下属懂得换位思考。如果一味地强调自己是领导，摆出领导的架子，那早晚也只能成为空架子。

【案例】

东汉末年，曹操率领军队南下，刘琮一看这个架势，立刻被吓得退位投降，而且为了不得罪曹操，并没有把投降的事情告诉刘备。曹操知道刘琮不足为惧，转头要去攻打刘备。等刘备有所察觉的时候，曹操已是兵临城下。

刘备派遣关羽率领水军往江陵方向逃走，自己则是带领原来荆州城里的将士、愿意追随的百姓从陆地上走。然而，曹操在后面率领五千骑兵紧追不舍。刘备身边虽有民众十万人，但大多是根本没上过战场的百姓，毫无抵抗能力。在长坂坡，曹军追上了刘备大军，为了逃命，刘备只好抛弃妻女和百姓，随着张飞等人逃走。

赵云是个非常忠诚的将领，一看主公刘备的妻儿要被曹军俘虏，原本能跟随刘备一起逃走的他转身杀回曹军阵营，七进七出，凭借自己高超的武艺救回了刘备妻子甘夫人和少主刘禅。待赵云带着甘夫人和少主刘禅见到刘备时，他的身上满是敌人的污血。其他将领看到赵云的惨状，都露出了悲愤的神情。

就在这时，刘备做出了一个惊人之举。他抱起尚在襁褓里的刘禅，作势要往地上扔，口中还骂道："都是因为你，差点儿害得我失去了赵将军！"赵云看到刘备此举备受感动，忙跪在地上，说："主公的恩情，赵云肝脑涂地也报答不了啊。"

这就是《三国演义》中著名的典故"刘备摔阿斗"。当时的刘备实力薄弱，尚未站稳脚跟，他作为蜀军的统帅，威望也并不足以震慑所有将士，所以他采取主动示弱，拉拢人心的策略，让整个团队不至于军心涣散。

【职场哲学】

领导一个团队需要智慧，什么时候示弱、为什么示弱、用什么方式示弱，都是很有技巧的。案例中，刘备示弱是因为他还没有建立一支能够保障自己安全的军队，且缺兵少将，示弱是为了让刚刚经历惨痛败仗的军队迅速凝聚起来。

在职场里，领导需要根据实际情况去处理。比如，为了赶进度，员工必须加班加点，尤其是技术骨干，作为领导的你，可以给下属点个外卖，尤其是要给技术骨干加个鸡腿，言语中表示要和团队同甘共苦；再比如，高层施压要调整基本制度，领导就可以请整个团队去外面找个大排档，借着喝酒的时候向他们诉说自己也很为难，等等。

有很多人在做了领导之后，就特别看重面子，觉得示弱就等于丢面子。但换个角度想想，如果团队带不好，或者没有成绩，领导的位置也坐不长远。示弱，就是为了让下属明白领导的难处，能够理解领导难处的下属自然可以得到重用，不愿意理解领导的难处，甚至专门落井下石的下属，早晚都会成为团队中的害群之马。